JN014966

化学基礎 第2版

杉浦雅美・田村嘉廣
池田茉莉・矢野慎也
共著

学術図書出版社

まえがき

　化学というと，フラスコなどのガラス器具の中で薬品が反応して白煙が上がる．そのようなイメージを持っているかもしれない．しかし，化学はそのような特別なものではない．

　空気や水をはじめ，われわれの身のまわりのものは，すべて物質からできている．また，それらの物質間で起こっている変化の多くは，化学変化である．われわれが食物を体内に取り入れ，消化吸収した物質からエネルギーを取り出して運動することも，また吸収したアミノ酸などから体をつくることも化学変化である．

　さらに，身の周りには化学でつくられた合成樹脂などの新たな物質がわれわれの生活を便利にし，豊かにしている．化学は，われわれの生活と密接な関係をもっている．

　このように，化学は物質の学問である．工業系大学の学生である皆さんにとって，化学は重要な分野のひとつである．

　本書は，高等学校で化学を履修しなかったか，あるいは十分に学習できなかった学生のために，「原子構造」から「電子配置」，「周期表」，「化学結合」，「物質量（mol）」，「化学反応式と量的関係」までの化学のエッセンスをわかりやすく，コンパクトにまとめたものである．

　「原子構造」から「化学結合」までは，バラバラに暗記するのではなく，暗記すべきことをしっかり覚えたうえで，周期表を活用してそれらの項目を関連づけて理解することが肝要である．「物質量」では，なぜ 1 mol が 6.02×10^{23} になるのか．そこが理解できれば，「物質量（mol）」の壁を乗り越えることができる．そうすれば，「モル濃度」も「化学反応式と量的関係」もたやすく理解できるようになる．そして，これらを発展させていけば，大学の学習にスムーズに入っていけるであろう．

　小中高等学校と違い，大学での学習は，暗記よりも理解すること，自分の頭で考えることがより大切である．いずれ取り組む卒業研究では，前例のない新たな研究に挑戦することになる．基本の部分は暗記しなければならないが，その先は理解することが重要になる．

　利用にあたっては，本文をよく読み，本当に覚えたか，理解できたか，「章末問題」

を解いて確認をするとよい．「物質量」，「溶液の濃度」，「化学反応式と量的関係」の章では，「例題」と「問題」を付してある．

　さらに，これらの問題の解答を教科書の後半に掲載した．計算問題では，計算式や解説も載せてある．上手く活用してほしい．それでも理解できない場合は，先生を訪ねよう．優しく親切にかつ熱心に指導してくれるであろう．

　学生諸君の健闘を祈る．

2017 年 3 月

著者記す

も く じ

1 原子構造

1.1 原　子

1.1.1 元素と原子

　元素とは，物質を構成する基本となる成分であり，原子とは，物質を構成する基本となる粒子の単位である．1803 年，ドルトン（イギリス）は「物質はすべて最小粒子である原子から構成されている」という原子説を提唱した．現在，原子は陽子，中性子，電子などのさらに小さい粒子から構成されていることが知られているが，元素としての性質を有する粒子の最小単位は原子である．

　原子の種類を表すのに，元素記号を用いて表す．

◆元素記号の書き方

　元素記号は，ラテン語，英語などの元素名から 1 文字または 2 文字をとってつくられている．1 文字の場合は「**大文字**」，2 文字の場合は「**大文字＋小文字**」で表す．

1.1.2 原子の基本構造

　原子は中心に**原子核**があり，その周囲を**電子**が取り巻いている．原子核は**陽子**と**中性子**から構成されている．陽子は正の電荷，電子は負の電荷をもつが，中性子は電荷をもたない．陽子と電子の電荷の絶対値は等しい．原子中の陽子と電子の数は等しいので，互いに正負の電荷を打ち消しあい，原子全体としては電気的に中性である．

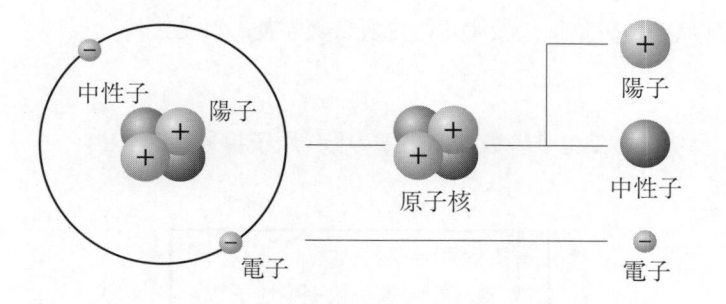

図 1.1　ヘリウム He の原子構造

1.1.3 原子の質量

原子を構成する陽子の質量は 1.673×10^{-24} g，中性子の質量は 1.675×10^{-24} g，電子の質量は 9.109×10^{-28} g であり，それらの質量比は約 $1 : 1 : \dfrac{1}{1840}$ である．したがって，原子の質量の大部分は，陽子と中性子からなる原子核の部分に集まっている．

1.1.4 原子と原子核の大きさ

原子の直径は 10^{-10} m $= 0.1$ nm 程度であり，原子核の直径は 10^{-14} m から 10^{-15} m 程度の大きさである．すなわち，原子核と原子の大きさを比較すると，原子核の大きさは，原子の 1 万分の 1 から 10 万分の 1 程度となる．原子の大きさを直径約 100 m のドーム球場に例えると，原子核の大きさは，直径 1 mm～10 mm 程度の大きさの球となる．

			電気量	電荷	質量の比
原子	原子核	陽子 ……	$+1.602 \times 10^{-19}$ C	$+1$	1
		中性子 …	0	0	1
	電子 …………		-1.602×10^{-19} C	-1	$\dfrac{1}{1840}$

1.2 同 位 体

1.2.1 原子番号と質量数

◆原子番号

原子核中の陽子の数を**原子番号**という．

◆質量数

原子核中の陽子の数と中性子の数の和を**質量数**という．

陽子と中性子の質量はほぼ等しく，電子の質量は陽子や中性子に比べて小さい $\left(\dfrac{1}{1840} \right)$ ので，原子の質量を比較するのに質量数が使われる．

◆電子数

原子核のまわりにある電子の数は，陽子の数（**原子番号**）と等しい．

> 原子番号 ＝ 陽子数
> 質 量 数 ＝ 陽子数＋中性子数
> 電 子 数 ＝ 陽子数（原子番号）

◆原子の表し方

$$^4_2\mathrm{He}$$

質量数 ↗

← 元素記号「He」でヘリウムを示す

原子番号 ↘

＊原子番号は省略することもある

図1.2　例：ヘリウム原子

1.2.2　同 位 体

　原子番号（陽子数）は等しいが質量数が異なる原子どうしを互いに**同位体**であるという．同位体どうしでは，質量数は異なるが化学的性質はほぼ同じである．同位体には，安定同位体と放射性同位体が存在する．放射性同位体は年代測定や医療などに利用されている．

表1.1　同位体の例

	$^1\mathrm{H}$	$^2\mathrm{H}$	$^{12}\mathrm{C}$	$^{13}\mathrm{C}$	$^{14}\mathrm{C}$	$^{35}\mathrm{Cl}$	$^{37}\mathrm{Cl}$
陽子数	1	1	6	6	6	17	17
中性子数	0	1	6	7	8	18	20
質量数	1	2	12	13	14	35	37
存在比（％）	99.985	0.015	98.93	1.07	1.0×10^{-10}	75.78	24.22

＊$^{14}\mathrm{C}$ は放射性同位体〔ラジオアイソトープ〕である．

1.3 同素体

同じ元素からできている単体で，性質が異なる物質を互いに**同素体**という．

表1.2 同素体の例

元素名	単体	化学式	性質など
酸素 (O)	酸素	O_2	無臭，気体は無色，液体は淡青色
	オゾン	O_3	有毒，刺激臭，強い酸化力をもつ，気体は青色，液体は深青色
硫黄 (S)	斜方硫黄	S_8	黄色塊状結晶，最も安定
	単斜硫黄	S_8	黄色針状結晶
	ゴム状硫黄	S_x	黒褐色の無定形固体，弾性をもつ，常温では不安定
炭素 (C)	ダイヤモンド	C	無色透明な結晶，高硬度，高屈折率，電気伝導性なし
	黒鉛 (グラファイト)	C	黒色平板状結晶，軟らかく薄く剥がれやすい，金属光沢あり，電気伝導性あり
	フラーレン	C_{60} C_{70}	C_{60} の場合，正五角形 12，正六角形 20 からなるサッカーボール型をした安定な構造
	カーボンナノチューブ類	C_n	構造によって金属的，または半金属的，柔軟性・強靭性に優れ引っ張り強度大
リン (P)	赤リン	P_x	赤褐色，無毒，化学的に安定
	黄リン	P_4	淡黄色，有毒，空気中で自然発火する

■ 章末問題 1

1.1 [　　　] に適当な言葉・数値を入れよ.

(1) 原子の中心には [①] 電荷を帯びた [②] と電気的に中性な [③] から形成される [④] があり，その周囲を [⑤] 電荷を帯びた [⑥] が取り巻いている. 陽子 1 個と電子 1 個のもつ電荷は，絶対値が [⑦] く，符号が異なる.

また，原子に含まれる陽子の数と電子の数は等しいので，原子は電気的に [⑧] である.

陽子と [③] の質量はほぼ等しく，電子の質量は，陽子や [③] の質量の [⑨] 分の 1 と非常に軽い.

(2) 原子核中の陽子の数を [⑩]，陽子の数と中性子の数の和を [⑪] という.

また，同じ元素でも [⑪] が異なる原子どうしを互いに [⑫] であるという.

1.2 [　　　] に適当な言葉・数値を入れよ.

(1) 原子番号が 12 である原子の陽子数は [①] である.

(2) 質量数が 25 で中性子数が 12 である原子の陽子数は [②] である.

(3) 電子数が 13，質量数が 27 である原子の中性子数は [③] である.

(4) 質量数が 39，陽子数が 19 である原子の中性子数は [④]，電子数は [⑤] である.

(5) 電子数が 21，中性子数が 24 である原子の原子番号は [⑥]，質量数は [⑦]，陽子数は [⑧] である.

(6) 原子番号 17 の塩素には ^{35}Cl と ^{37}Cl が存在し，これらを互いに [⑨] であるという. これらの陽子数はともに [⑩] で，^{35}Cl の中性子数は [⑪]，^{37}Cl の中性子数は [⑫] である.

 電 子 配 置

2.1 原子の電子配置

2.1.1 電 子 殻

原子の中の電子は，原子核のまわりに層をつくって存在している．これらの層を**電子殻**といい，内側から順に，**K 殻，L 殻，M 殻，N 殻**という．それぞれの電子殻に収容できる電子の数は内側から 2，8，18，32 個で，内側から n 番目の電子殻には $2n^2$ 個の電子が入る．

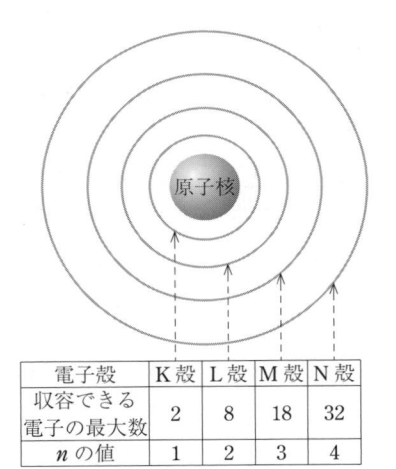

電子殻	K 殻	L 殻	M 殻	N 殻
収容できる電子の最大数	2	8	18	32
n の値	1	2	3	4

図 2.1　電子殻の平面図

2.1.2 電 子 配 置

◆電子の入る順序

電子は，原子核に近いものほど原子核に強く引きつけられて安定な状態になるので，原則として，電子は内側の電子殻から外側の電子殻へ順に詰まっていく．

表 2.1　電子配置の例

元素名	原子	K 殻	L 殻	M 殻	N 殻
水素	$_1$H	1			
ヘリウム	$_2$He	2			
リチウム	$_3$Li	2	1		
ベリリウム	$_4$Be	2	2		
ホウ素	$_5$B	2	3		
炭素	$_6$C	2	4		
窒素	$_7$N	2	5		
酸素	$_8$O	2	6		
フッ素	$_9$F	2	7		
ネオン	$_{10}$Ne	2	8		
ナトリウム	$_{11}$Na	2	8	1	
マグネシウム	$_{12}$Mg	2	8	2	
アルミニウム	$_{13}$Al	2	8	3	
ケイ素	$_{14}$Si	2	8	4	
リン	$_{15}$P	2	8	5	
硫黄	$_{16}$S	2	8	6	
塩素	$_{17}$Cl	2	8	7	
アルゴン	$_{18}$Ar	2	8	8	
カリウム	$_{19}$K	2	8	8	1
カルシウム	$_{20}$Ca	2	8	8	2

◆電子配置のモデル

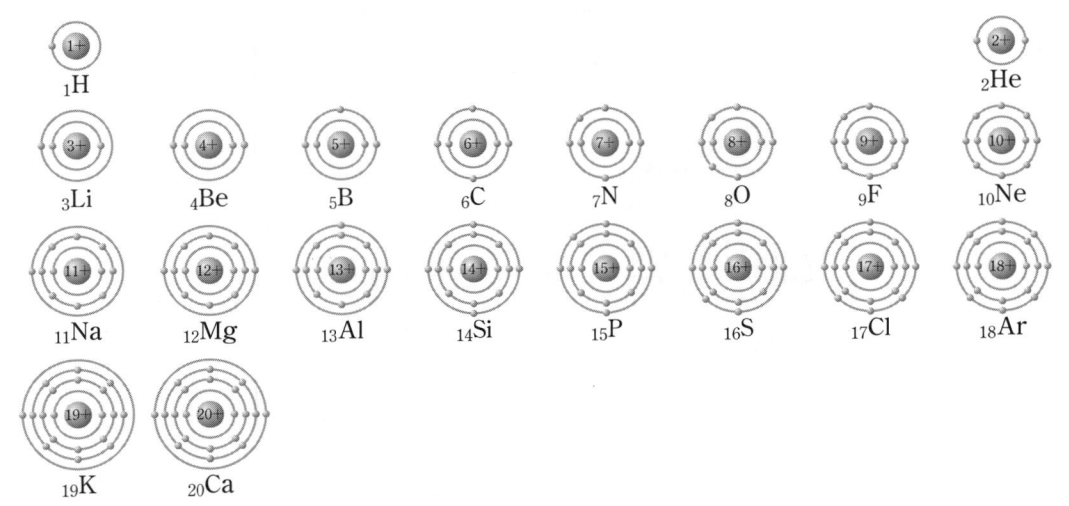

図 2.2 原子の電子配置のモデル

◆電子配置の表し方

前述のように，同心円を用いて電子配置を表記する方法もあるが，下記のように，各電子殻に入っている電子の数を書く方法もある．

例 アルゴン原子 $_{18}$Ar の電子配置：$K^2 L^8 M^8$

2.2 価 電 子

◆最外殻電子

最も外側の電子殻に入っている電子を**最外殻電子**という．

◆価電子

原子は，他の原子と最外殻の電子のやりとりをして化学結合を形成する．そのため，最外殻の電子は他の原子との結合に重要な役割をし，元素の化学的性質に大きな影響を与える．最外殻にある 1〜7 個の電子を**価電子**という．

◆ **18 族の元素（貴ガス）の価電子数**

　周期表 18 族の元素は貴ガスと呼ばれ，安定な**閉殻構造**をとる．そのため，貴ガスの価電子数は 0 とする．

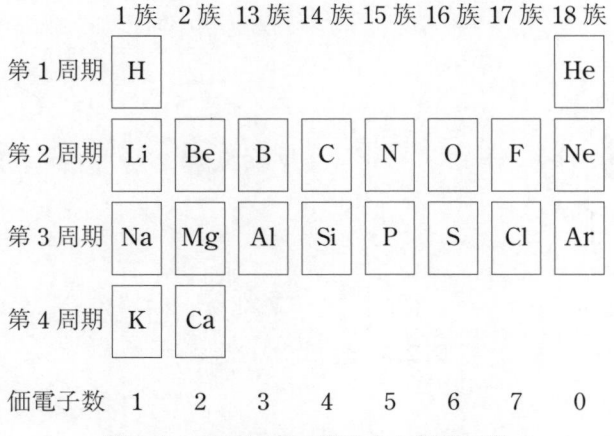

	1 族	2 族	13 族	14 族	15 族	16 族	17 族	18 族
第 1 周期	H							He
第 2 周期	Li	Be	B	C	N	O	F	Ne
第 3 周期	Na	Mg	Al	Si	P	S	Cl	Ar
第 4 周期	K	Ca						
価電子数	1	2	3	4	5	6	7	0

図 2.3　典型元素の周期表と価電子数

2.3　安定なイオンの電子配置

◆**貴ガスの電子配置**

　貴ガスは，きわめて安定な閉殻構造の電子配置をとる．したがって，原子番号が貴ガスの前後にある原子の中には，電子を放出して陽イオンになったり，電子を取り入れて陰イオンになり，安定な貴ガスと同じ電子配置になるものがある．

◆**陽イオンの生成**

　貴ガスの電子配置より電子が 1〜3 個多い原子（価電子数が 1〜3 の典型元素）は価電子を失い，貴ガスと同じ電子配置の**陽イオン**になりやすい．

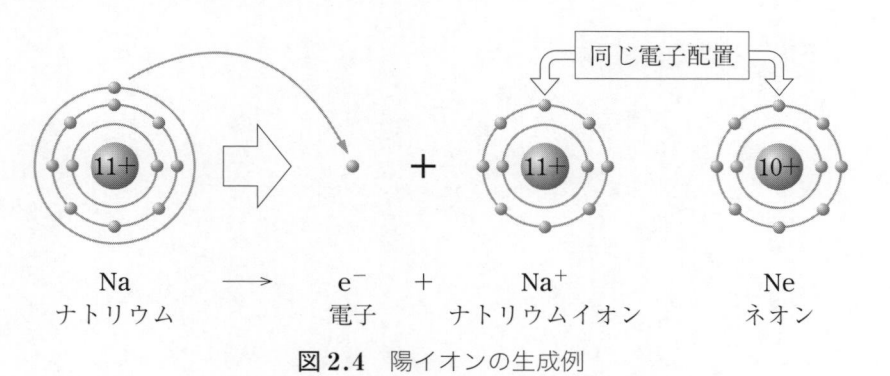

図 2.4　陽イオンの生成例

◆**陰イオンの生成**

貴ガスの電子配置より電子が1，2個少ない原子（価電子数が6〜7の典型元素）は，電子を取り入れて，貴ガスと同じ電子配置の**陰イオン**になりやすい．

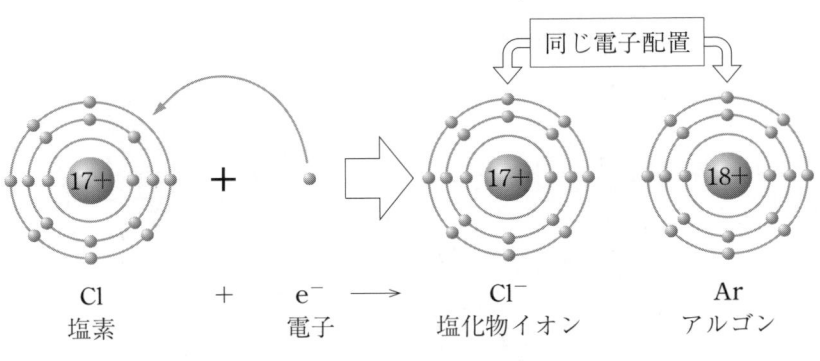

図 **2.5** 陰イオンの生成例

■ 章末問題 2

2.1 ☐ に適当な言葉，または数値を入れよ.

(1) 原子中の電子は，原子核の周囲にいくつかの層をなして存在する．この層のことを ① という．層の内側から順に ② 殻，③ 殻，④ 殻といい，収容できる最大電子数は，内側から ② 殻は ⑤ 個，③ 殻は ⑥ 個，④ 殻は ⑦ 個で，n 番目の電子殻には ⑧ 個の電子が入る.

(2) 18 族元素（貴ガス）の電子配置は非常に安定で一般的に化学結合をつくらず，原子 1 個で存在する（**単原子分子**という）．これを ⑨ 構造という.

また，化学結合や原子の性質に関係する最外殻の電子を ⑩ と呼ぶ.

(3) 原子が電子を放出して正（＋）の電荷を帯びた粒子となり，安定な貴ガスと同じ電子配置をとる．この粒子を ⑪ イオンという.

一方，原子が電子を受け取って負（－）の電荷を帯びた粒子となり，安定な貴ガスと同じ電子配置をとる．この粒子を ⑫ イオンという.

2.2 例にならって，次の原子・イオンの電子配置を書け.

【例】B 原子（K^2L^3）

(1) 原子番号が 6 である原子

(2) F 原子

(3) Na 原子

(4) アルミニウムイオン Al^{3+}

(5) Ne 原子

(6) 塩化物イオン Cl^-

(7) Ar 原子

(8) Ca 原子

(9) カルシウムイオン Ca^{2+}

元素の周期律

3.1 周期律と周期表

3.1.1 周 期 律

　典型元素では，原子番号の増加とともに原子のもつ価電子の数は周期的に変化する．典型元素の化学的性質は最外殻の電子の配置に大きく影響されるため，価電子数の変化とともに，元素の性質も周期的に変化する．このような元素の周期性を**周期律**という．

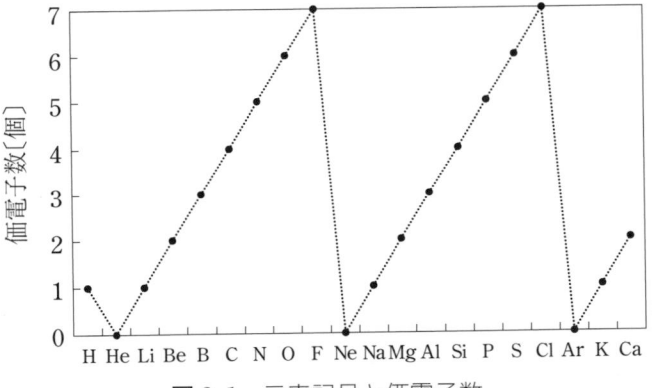

図3.1　元素記号と価電子数

3.1.2 周 期 表

　元素の周期律に基づいて元素記号を原子番号の順に並べ，性質の似た元素が縦の同じ列に並ぶように配列した表を**周期表**という．

◆族と周期

周期表において，縦の列を**族**，横の並びを**周期**という．

族\周期	1	2	3	4	5	6	7	8	9	10	11	12	13	14	15	16	17	18
1	$_1$H																	$_2$He
2	$_3$Li	$_4$Be											$_5$B	$_6$C	$_7$N	$_8$O	$_9$F	$_{10}$Ne
3	$_{11}$Na	$_{12}$Mg											$_{13}$Al	$_{14}$Si	$_{15}$P	$_{16}$S	$_{17}$Cl	$_{18}$Ar
4	$_{19}$K	$_{20}$Ca	$_{21}$Sc	$_{22}$Ti	$_{23}$V	$_{24}$Cr	$_{25}$Mn	$_{26}$Fe	$_{27}$Co	$_{28}$Ni	$_{29}$Cu	$_{30}$Zn	$_{31}$Ga	$_{32}$Ge	$_{33}$As	$_{34}$Se	$_{35}$Br	$_{36}$Kr
5	$_{37}$Rb	$_{38}$Sr	$_{39}$Y	$_{40}$Zr	$_{41}$Nb	$_{42}$Mo	$_{43}$Tc	$_{44}$Ru	$_{45}$Rh	$_{46}$Pd	$_{47}$Ag	$_{48}$Cd	$_{49}$In	$_{50}$Sn	$_{51}$Sb	$_{52}$Te	$_{53}$I	$_{54}$Xe
6	$_{55}$Cs	$_{56}$Ba	57–71	$_{72}$Hf	$_{73}$Ta	$_{74}$W	$_{75}$Re	$_{76}$Os	$_{77}$Ir	$_{78}$Pt	$_{79}$Au	$_{80}$Hg	$_{81}$Tl	$_{82}$Pb	$_{83}$Bi	$_{84}$Po	$_{85}$At	$_{86}$Rn
7	$_{87}$Fr	$_{88}$Ra	89–103	$_{104}$Rf	$_{105}$Db	$_{106}$Sg	$_{107}$Bh	$_{108}$Hs	$_{109}$Mt	$_{110}$Ds	$_{111}$Rg	$_{112}$Cn	$_{113}$Nh	$_{114}$Fl	$_{115}$Mc	$_{116}$Lv	$_{117}$Ts	$_{118}$Og

元素記号→ $_2$He ←原子番号

（常温常圧）
□ 単体は気体
▨ 非金属元素
□ 単体は液体（点線枠）
□ 金属元素
□ 単体は固体

図 3.2

3.2 元素の分類

3.2.1 同族元素

同じ族に属する元素を**同族元素**という．

◆アルカリ金属

H を除く 1 族元素で，1 価の陽イオンになりやすい．

◆アルカリ土類金属

2 族元素で，2 価の陽イオンになりやすい．

◆ハロゲン

17 族元素で，1 価の陰イオンになりやすい．

◆貴ガス

18 族元素で，安定な**単原子分子**として存在し，反応性にとぼしい．

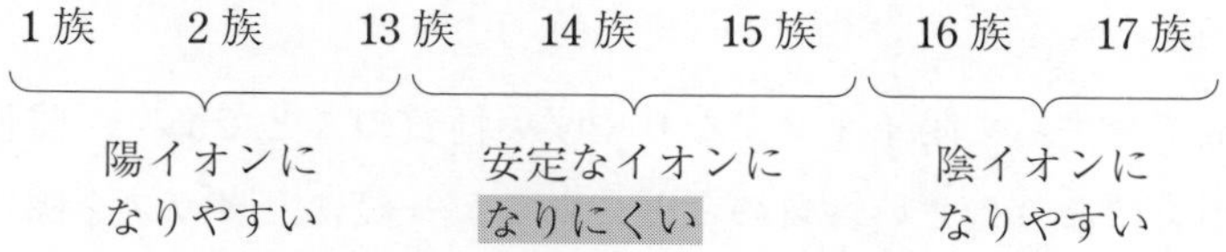

1 族　2 族　13 族	14 族　15 族	16 族　17 族
陽イオンに なりやすい	安定なイオンに なりにくい	陰イオンに なりやすい

図 3.3

3.2.2 典型元素と遷移元素

◆典型元素（1族，2族，13族〜18族の元素）

　原子番号の増加とともに価電子の数が周期的に変化し，化学的性質も周期的に変化する．典型元素の同族元素は，価電子の数が同じで，化学的性質も類似している．

◆遷移元素（3族〜12族の元素）

　遷移元素の原子の最外殻の電子数は，1個または2個で，内殻に電子が不完全に詰まった電子配置をとる．遷移元素はすべて金属元素であり，周期表で同じ周期の元素どうしの化学的性質は，比較的類似している（12族元素は，遷移元素に含める場合と含めない場合がある）．

3.2.3 金属元素と非金属元素

◆金属元素

　単体は金属であり，一般に陽イオンになりやすい（**陽性元素**）．

◆非金属元素

　単体は非金属である．貴ガスと水素を除いて，一般に陰イオンになりやすい（**陰性元素**）．

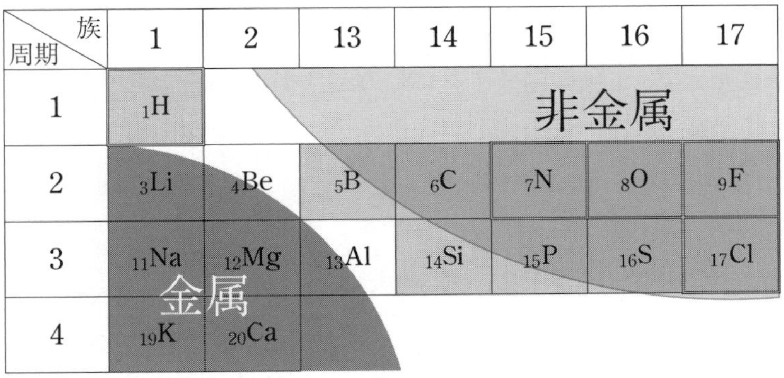

周期＼族	1	2	13	14	15	16	17
1	₁H				非金属		
2	₃Li	₄Be	₅B	₆C	₇N	₈O	₉F
3	₁₁Na	₁₂Mg	₁₃Al	₁₄Si	₁₅P	₁₆S	₁₇Cl
4	₁₉K	₂₀Ca					

金属

図 3.4　典型元素の金属元素と非金属元素

◆陽性と陰性

　陽性とは，電子を失って陽イオンになりやすい性質のことであり，**陰性**とは，電子を受け取り陰イオンになりやすい性質のことである．一般に，貴ガスを除いて，同族元素では，周期表で下に向かって陽性が強くなり，同じ周期の元素では，周期表で右に向かうと陰性が強くなる．

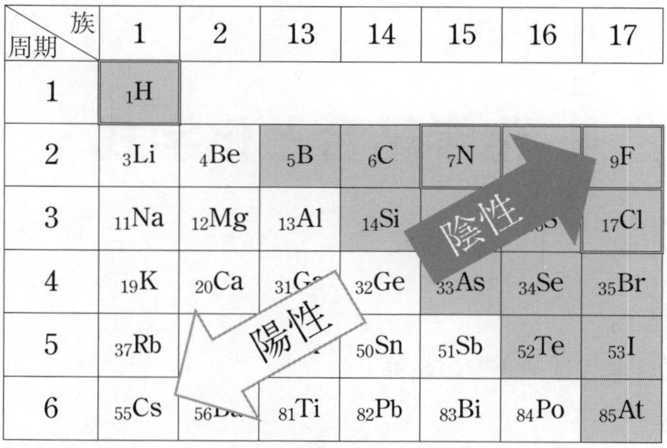

図 3.5 典型元素の陽性と陰性

章末問題 3

3.1 ☐ に適当な言葉，または数値を入れよ．

(1) 周期表とは，元素を ① 順に並べ，性質の似た元素が同じ縦の列に配列されるようにした表のことである．この表の縦の列を ② ，横の並びを ③ という．

(2) H を除いた 1 族の元素を ④ といい， ⑤ 価の陽イオンになりやすい．

(3) 2 族の元素を ⑥ といい， ⑦ 価の陽イオンになりやすい．

(4) 17 族の元素を ⑧ といい，1 価の ⑨ イオンになりやすい．

(5) 18 族の元素を ⑩ といい，非常に安定で原子 1 個のままで存在し，イオンになりにくい．

3.2 原子番号 1 から 20 までの元素のうち，次の ①〜⑪ に該当する元素の元素記号をすべて書け．

① 陰性が最も強い元素

② 陽性が最も強い元素

③ 貴ガスに分類される元素

④ アルカリ土類金属に分類される元素

⑤ ハロゲンに分類される元素

⑥ アルカリ金属に分類される元素

⑦ 1 価の陽イオンになりやすい金属元素

⑧ 3 価の陽イオンになりやすい元素

⑨ 1 価の陰イオンになりやすい元素

⑩ 2 価の陰イオンになりやすい元素

⑪ 価電子数がゼロの元素

4 | 化学結合と化学式

4.1 イオン結合
4.1.1 イオンの化学式とイオンの名称
◆イオンの表記法

イオンを表記するのに，元素記号の右上にイオンの電荷と電荷の符号をつけた化学式を用いる．たとえば，ナトリウムイオンは Na^+，塩化物イオンは Cl^- と表す．Na^+ や Cl^- のように1個の原子からなるイオンを**単原子イオン**といい，硝酸イオン NO_3^- や硫酸イオン SO_4^{2-} のように複数の原子からなるイオンを**多原子イオン**という．

◆イオンの名称（呼び方）

単原子の陽イオン…元素名に「イオン」を付ける．

単原子の陰イオン…元素名の語尾を「〜化物イオン」に変える．

多原子イオン…それぞれ固有の名称をもつ．

表4.1　陽イオンの例

イオンの電荷	陽イオン	化学式
一価	水素イオン リチウムイオン ナトリウムイオン カリウムイオン アンモニウムイオン	H^+ Li^+ Na^+ K^+ NH_4^+
二価	マグネシウムイオン カルシウムイオン 鉄 (II) イオン 銅 (II) イオン	Mg^{2+} Ca^{2+} Fe^{2+} Cu^{2+}
三価	アルミニウムイオン 鉄 (III) イオン	Al^{3+} Fe^{3+}

表4.2　陰イオンの例

イオンの電荷	陰イオン	化学式
一価	フッ化物イオン 塩化物イオン ヨウ化物イオン 水酸化物イオン 硝酸イオン 酢酸イオン	F^- Cl^- I^- OH^- NO_3^- CH_3COO^-
二価	酸化物イオン 硫化物イオン 硫酸イオン 炭酸イオン	O^{2-} S^{2-} SO_4^{2-} CO_3^{2-}

4.1.2　イオン結合とイオン結晶

　塩化ナトリウムの結晶は，ナトリウムイオン Na^+ と塩化物イオン Cl^- が**クーロン力**（静電気力）で引き合い，交互に規則正しく並んだ構造を形成している．

　このようなクーロン力による結合を**イオン結合**という．また，塩化ナトリウムのように，固体中で正負のイオンが規則正しく配列した固体を**イオン結晶**と呼ぶ．

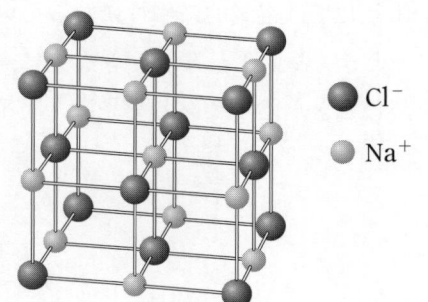

図4.1　塩化ナトリウム $NaCl$ の結晶モデル

◆**イオン結晶の性質**

　イオン結晶は一般的に硬くて，融点が高い．イオン結晶に強い力を加えると，結晶の特定な面にそって割れやすい．イオン結晶は，固体の状態では電気を通さないが，融解した状態や水溶液の状態では，イオンが自由に動けるようになるため電気を通す．

表4.3　組成式と名称の例

陽イオン ＼ 陰イオン	塩化物イオン Cl^-	硝酸イオン NO_3^-	硫酸イオン SO_4^{2-}
ナトリウムイオン Na^+	塩化ナトリウム $NaCl$	硝酸ナトリウム $NaNO_3$	硫酸ナトリウム Na_2SO_4
アンモニウムイオン NH_4^+	塩化アンモニウム NH_4Cl	硝酸アンモニウム NH_4NO_3	硫酸アンモニウム $(NH_4)_2SO_4$
カルシウムイオン Ca^{2+}	塩化カルシウム $CaCl_2$	硝酸カルシウム $Ca(NO_3)_2$	硫酸カルシウム $CaSO_4$
アルミニウムイオン Al^{3+}	塩化アルミニウム $AlCl_3$	硝酸アルミニウム $Al(NO_3)_3$	硫酸アルミニウム $Al_2(SO_4)_3$

◆**イオン結晶の表記法**

　イオン結晶を表記するとき，構成する原子や原子団の数を最も簡単な整数比で示した**組成式**を用いて表す．たとえば，塩化カルシウムは Ca^{2+} と Cl^- が $1:2$ の割合で結合しているので，$CaCl_2$ と表す．一般に，イオンからなる化合物の組成式では，

$$（陽イオンの価数）×（個数）＝（陰イオンの価数）×（個数）$$

の関係が成立し，化合物全体としては電気的に中性になっている．

　イオン結晶の組成式を書くとき（表4.3），陽イオンを先に，陰イオンを後に書く．また，イオン結晶の組成式を読むとき，陰イオン名を先に，陽イオン名を後に読む．

4.2　共　有　結　合

4.2.1　電子対と不対電子

◆**原子の電子式**

　元素記号に最外殻電子を「・」で書き加えた式を電子式という．原子の最外殻電子には，2個で対を形成している電子（**電子対**）と，1個のままで対を形成しない**不対電子**がある．

表 4.4　原子の電子式の例

価電子数		1	2	3	4	5	6	7	0
例	原子番号	3	4	5	6	7	8	9	10
	元素記号	Li	Be	B	C	N	O	F	Ne
	電子式	Li·	Be·	·B·	·C·	·N:	·O:	:F:	:Ne:

4.2.2　共有結合と分子

　結合を形成するそれぞれの原子が，価電子を出し合って電子対をつくり，それを共有してできる結合を**共有結合**という．そして，複数の原子が共有結合してできた粒子を**分子**という．

　水素分子の場合，図4.2に示すように2個の水素原子が互いに1個の価電子を出し合って電子対をつくり共有している．このとき，各水素原子は貴ガスのヘリウム He と同じ安定な電子配置になっている．

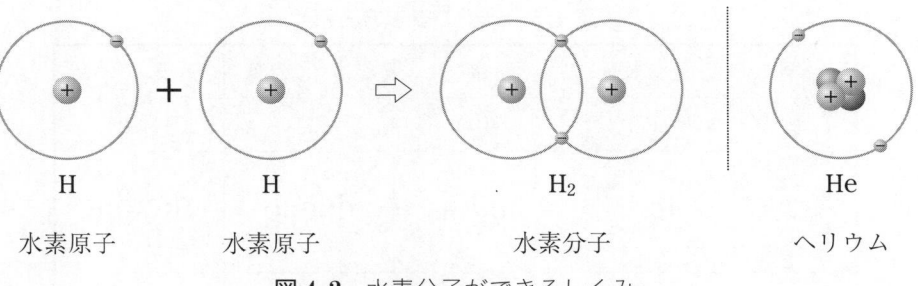

H　　　　　H　　　　　　　H₂　　　　　　　He

水素原子　　　水素原子　　　　水素分子　　　　ヘリウム

図 4.2 水素分子ができるしくみ

4.2.3　分子の表記法

◆**分子式**

　分子を構成している原子の種類を元素記号で，原子の数（1 の場合は省略する）を右下に添えて表す．

◆**電子式**

　共有結合では，結合するそれぞれの原子が価電子を出し合って電子対をつくり共有する．電子式を用いて水分子の結合を表すと次の図のようになる．

　ここで，分子中の共有結合に用いられる電子対を**共有電子対**，共有結合に関与しない電子対を**非共有電子対**という．

$$\mathrm{H \cdot + \cdot \ddot{O} \cdot + \cdot H \longrightarrow H \overset{\cdot\cdot}{\underset{\cdot\cdot}{O}} H}$$

共有電子対

非共有電子対

図 4.3　水分子の電子式

◆**構造式**

　分子中の原子間の共有結合を表すのに線を用いる．線を用いて分子中の共有結合を表した化学式を**構造式**という．線 1 本は，1 対の共有電子対に対応する．

◆**多重結合**

　共有結合において，1 組の共有電子対による結合を**単結合**といい，2 組の共有電子対による結合を**二重結合**，3 組の共有電子対による結合を**三重結合**という．構造式において，二重結合は「＝」，三重結合は「≡」で表す．

表 4.5 分子の表し方と形

分子	塩化水素	水	二酸化炭素	メタノール
分子式	HCl	H_2O	CO_2	$CH_3OH^{※}$
電子式	H:C̤l̤:	H:Ö:H	Ö::C::Ö	H:C:Ö:H (with H above and below C)
構造式	H—Cl	H—O—H	O=C=O	H—C—O—H (with H above and below C)
モデル				

※メタノールの分子式は CH_4O で，CH_3OH は示性式である.

表 4.6 分子の表し方と形

分子	エタン	エチレン	アセチレン
分子式	C_2H_6	C_2H_4	C_2H_2
電子式	H:C:C:H (with H above and below each C)	C::C (with H above and below each C)	H:C::C:H
構造式	H—C—C—H (with H above and below each C)	C=C (with H above and below each C)	H—C≡C—H
モデル			

例題 4.1

次の各分子 1 分子中に共有電子対，および非共有電子対はそれぞれ何対あるか.

(1) 水　　　(2) 塩化水素　　　(3) 二酸化炭素　　　(4) メタノール

(5) アセチレン

解答

	(1)	(2)	(3)	(4)	(5)
共有電子対	2	1	4	5	5
非共有電子対	2	3	4	2	0

4.2.4　分子の形

　構造式は，分子内の原子間の結合を示すものであり，実際の分子の形を表してはいない．たとえば，メタン CH_4 は構造式を用いると平面に表されるが，実際には正四面体形をとる．次に代表的な分子の立体構造等を示す.

表 4.7　分子の形の例

分子	水素	水	アンモニア	メタン
分子式	H_2	H_2O	NH_3	CH_4
構造式	H−H	H−O−H	H−N−H（下に H）	H−C−H（上下に H）
立体構造	直線形	折れ線形	三角錐形	正四面体形
モデル				

4.2.5　分子結晶と共有結合の結晶

◆分子結晶

　共有結合により形成した分子が，**分子間力**と呼ばれる弱い力により，規則正しく配列してできた結晶を**分子結晶**という．分子結晶は，分子が分子間力で弱く結合しているので，一般的に融点や沸点が低く，固体は柔らかい．ドライアイスやナフタレンのように**昇華**しやすいものもある.

　一般に分子結晶は電気を通しにくい.

◆**分子結晶の例**

　氷（H_2O），ヨウ素（I_2），ドライアイス［二酸化炭素］（CO_2），ナフタレン（$C_{10}H_8$）など

◆**共有結合の結晶**

　原子が共有結合により連続的に結びついてできた巨大分子を**共有結合の結晶**という．たとえば，ダイヤモンドは，1個の炭素原子が価電子4個をすべて使って他の4個の炭素原子と共有結合で結合し，結晶粒全体が1つの巨大分子を形成している．したがって，ダイヤモンドは非常に硬く，融点も極めて高い．また，電気を通しにくい．ダイヤモンドの化学式は組成式で，C と表される．

◆**共有結合の結晶の例**

　ダイヤモンド C，黒鉛（グラファイト）C，ケイ素 Si，二酸化ケイ素 SiO_2（水晶や石英など）

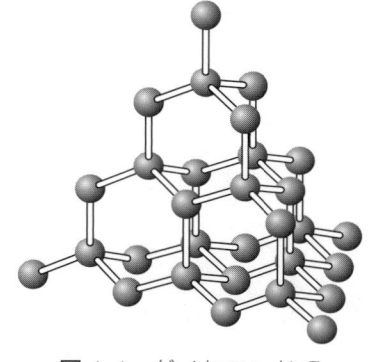

図4.4　ダイヤモンド C

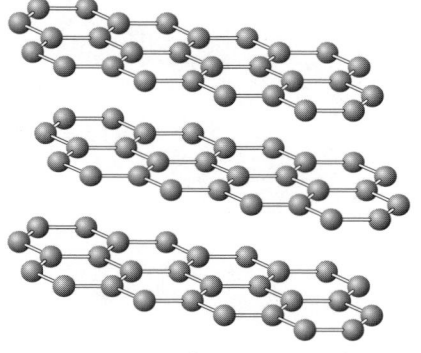

図4.5　黒鉛（グラファイト）C

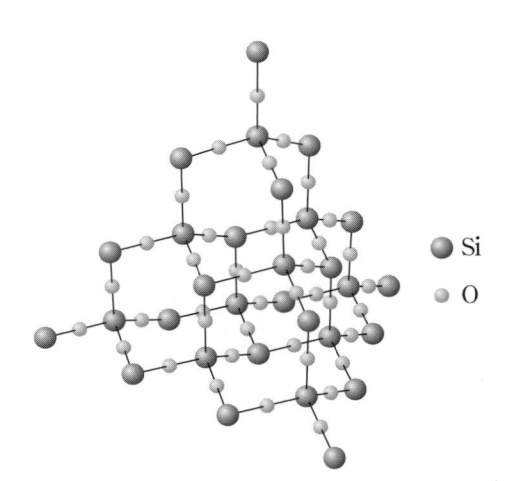

Si
O

図4.6　二酸化ケイ素 SiO_2

4.3 金属結合

金属の結晶では，金属原子が固体中に規則正しく配列している．金属元素の原子は陽性が強く，価電子が原子から離れやすいため，金属原子の価電子は1つの原子に束縛されずに，結晶中の原子間を自由に動きまわり，結晶中のすべての原子に共有されている．このような電子を**自由電子**と呼び，自由電子による金属原子間の結合を**金属結合**という．

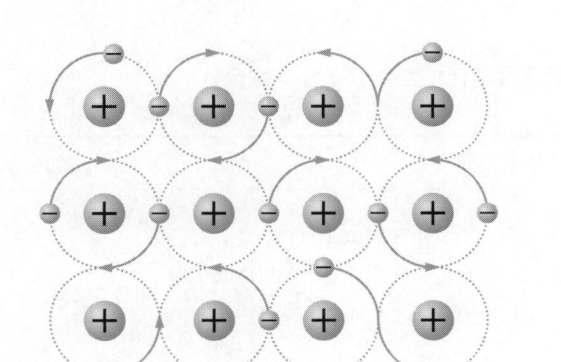

図 4.7 金属のモデル ⊖は「自由電子」を表す

◆金属結晶の特徴

① 自由電子をもつ

② 電気や熱をよく通す

③ 金属光沢をもつ

④ **展性**（たたくと薄く広がる性質）・**延性**（引っ張ると長く延びる性質）**に富む**

4.4 化学結合のまとめ

◆原子間の結合と結晶の性質

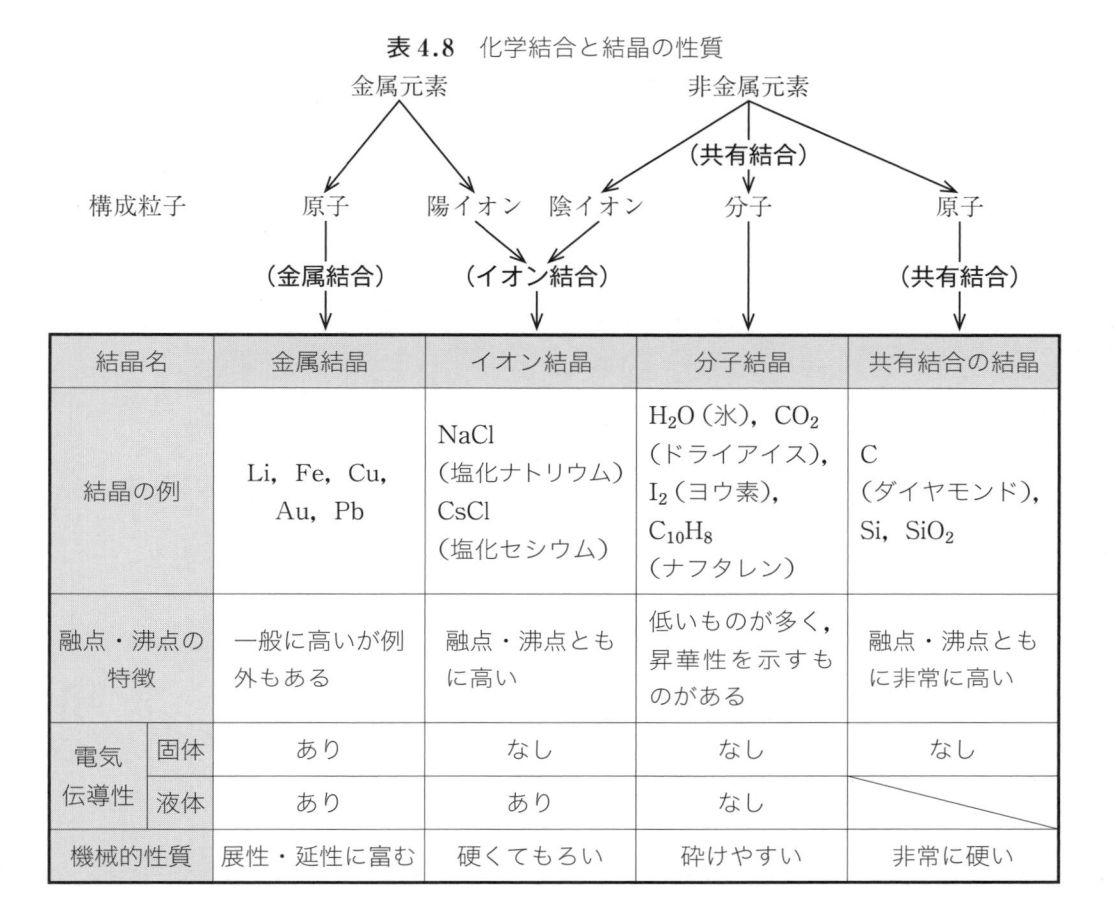

表 4.8 化学結合と結晶の性質

結晶名		金属結晶	イオン結晶	分子結晶	共有結合の結晶
結晶の例		Li, Fe, Cu, Au, Pb	NaCl（塩化ナトリウム）CsCl（塩化セシウム）	H_2O（氷）, CO_2（ドライアイス）, I_2（ヨウ素）, $C_{10}H_8$（ナフタレン）	C（ダイヤモンド）, Si, SiO_2
融点・沸点の特徴		一般に高いが例外もある	融点・沸点ともに高い	低いものが多く，昇華性を示すものがある	融点・沸点ともに非常に高い
電気伝導性	固体	あり	なし	なし	なし
	液体	あり	あり	なし	
機械的性質		展性・延性に富む	硬くてもろい	砕けやすい	非常に硬い

■ 章末問題 4

4.1 ⬚⬚⬚ に適当な言葉を入れよ．

(1) 塩化ナトリウムの結晶は，Na^+ と Cl^- が ① 力（静電気力）で引き合い，交互に規則正しく並んだ構造を形成している．このような ① 力による結合を ② という．また，塩化ナトリウムのように，結晶中で正負のイオンが規則正しく配列した結晶を ③ と呼ぶ．

一般に ③ は，融点が ④ くて硬い．また，③ は電気を通さないが，⑤ したり水溶液にすると，イオンが動けるようになり電気を通す．

(2) 水素分子では 2 個の水素原子がそれぞれ 1 個の ⑥ を出し合って電子対をつくり共有している．このとき，各水素原子は貴ガスのヘリウム He と同じ安定な電子配置になっている．このように ⑥ の一部を共有してできる結合を ⑦ という．

(3) 共有結合により形成した分子が，⑧ と呼ばれる弱い力により，規則正しく配列してできた結晶を ⑨ という．⑨ は，分子が ⑧ で弱く結合しているので，一般的に融点や沸点が ⑩ く，固体は軟らかい．

(4) 原子が共有結合により連続的に結びついてできた巨大分子の結晶を ⑪ という．たとえば，ダイヤモンドは，1個の炭素原子が4個の ⑫ をすべて使って他の4個の炭素原子と ⑬ で結合し，結晶粒全体が1つの巨大分子を形成している．したがって，ダイヤモンドは非常に硬く，融点も極めて ⑭ い．

(5) 鉄や鉛などの金属の結晶は，金属原子が固体中に規則正しく配列している．そして，金属原子の価電子は1つの原子に束縛されずに，結晶中の原子間を自由に動きまわり，結晶中のすべての原子に共有されている．このような電子を ⑮ と呼び，⑮ による金属原子間の結合を ⑯ という．この ⑮ の働きにより，金属は特有の光沢をもち，電気や ⑰ をよく伝える．
また，金属を叩くと箔のように薄く広がる．この性質を ⑱ といい，引っ張ると針金のように細長く延びる性質を ⑲ という．

4.2 次のイオンの組み合わせでできるイオン結晶の組成式と名称を書け．
① Na^+ と Cl^- ② Al^{3+} と O^{2-} ③ Ca^{2+} と OH^- ④ NH_4^+ と SO_4^{2-}
⑤ マグネシウムイオンとフッ化物イオン

4.3 次の物質の分子式を書け．また，①〜⑤の各分子1分子中に共有電子対，および非共有電子対はそれぞれ何対あるか．
① 窒素   ② 水   ③ 二酸化炭素   ④ アンモニア   ⑤ メタン
⑥ 二酸化硫黄

4.4 次の①〜④の結晶が**金属結晶**である場合にはA，**イオン結晶**である場合にはB，**分子結晶**である場合にはC，**共有結合の結晶**である場合にはDをつけよ．同様に，⑤〜⑧の性質がどの結晶に該当するか，A〜Dをつけよ．
① 塩化ナトリウム   ② ダイヤモンド   ③ 二酸化炭素   ④ リチウム
⑤ 電気・熱の良導体で，延性・展性に富む．
⑥ 一般にきわめて固く，融点は非常に高い．電気伝導性はない．
⑦ 一般に融点は低く，昇華する物質もある．電気伝導性はない．
⑧ 一般に融点は高く，結晶は電気を通さないが，融解すると電気を通す．

4.5 次の分子を電子式で表せ．
また，各分子1分子中に共有電子対，および非共有電子対はそれぞれ何対あるか．
① フッ素   ② 酸素   ③ 塩化水素   ④ エチレン

4.6 次の分子を構造式で表せ．
① 水   ② 塩素   ③ 酸素   ④ 窒素   ⑤ アンモニア
⑥ 二酸化炭素   ⑦ メタン   ⑧ エチレン   ⑨ メタノール

 物 質 量

5.1 原子量，分子量と式量

5.1.1 原子の相対質量

原子 1 個の質量は極めて小さいので（^{1}H：1.67×10^{-24} g，^{12}C：1.99×10^{-23} g），原子の質量を表すのにグラム単位では扱いにくい．よって，^{12}C 原子 1 個の質量を 12 と定め，これを基準とした**相対質量**を用いて原子の質量を表す．

［注：相対質量は質量の比なので，<u>相対質量に単位はつかない</u>．］

例題 5.1

^{12}C 原子 1 個の質量は 1.99×10^{-23} g，^{1}H 原子 1 個の質量は 1.67×10^{-24} g である．^{12}C 原子の相対質量を 12 としたときの ^{1}H 原子の相対質量を求めよ．

解説

（^{12}C 原子 1 個の質量）：（^{1}H 原子 1 個の質量）$= 12 :$（^{1}H 原子の相対質量）

（^{1}H 原子の相対質量）を x とすると

1.99×10^{-23} g $: 1.67 \times 10^{-24}$ g $= 12 : x$

$x = (1.67 \times 10^{-24}\text{g}) \times 12 \div (1.99 \times 10^{-23}\text{ g}) = 1.007$

解答 1.01

問題 5.1

^{12}C 原子 1 個の質量は 1.99×10^{-23} g，^{23}Na 原子 1 個の質量は 3.82×10^{-23} g である．^{12}C 原子の相対質量を 12 としたときの ^{23}Na 原子の相対質量を求めよ．

5.1.2 原 子 量

自然界に存在する多くの元素には同位体が存在し，同位体の存在比はそれぞれの元素で一定である．同位体の相対質量にその存在比をかけて求めた平均値を**原子量**という．

原子量 ＝（同位体の相対質量×同位体の存在比）の総和

［注：原子量は相対質量の平均値なので，<u>原子量に単位はつかない</u>．］

例題 5.2

塩素には，^{35}Cl（相対質量 35.0）と ^{37}Cl（相対質量 37.0）の 2 種類の同位体が存在する．^{35}Cl と ^{37}Cl の存在比が 75.8 ％ と 24.2 ％ のとき，塩素の原子量を求めよ．

解説

（^{35}Cl の相対質量）×（^{35}Cl の存在比）＋（^{37}Cl の相対質量）×（^{37}Cl の存在比）

$$= 35.0 \times \frac{75.8}{100} + 37.0 \times \frac{24.2}{100} = 35.48$$

解答　35.5

問題 5.2

ホウ素には，^{10}B（相対質量 10.0）と ^{11}B（相対質量 11.0）の 2 種類の同位体が存在する．^{10}B と ^{11}B の存在比が 19.9 ％ と 80.1 ％ のとき，ホウ素の原子量を求めよ．

5.1.3　分子量と式量

◆分子量

^{12}C 原子 1 個の質量を 12 としたときの分子の相対質量を**分子量**という．

分子量は，分子を構成するすべての原子の原子量の和に等しい．

◆式量

組成式に含まれるすべての原子の原子量の和を**式量**という．

例題 5.3

次の分子の分子量を求めよ．ただし，原子量は，H ＝ 1.0，N ＝ 14，O ＝ 16 とする．

(1)　窒素 N_2　　　(2)　水 H_2O

解説

(1)　N_2 の分子量 ＝ 14×2 ＝ 28
(2)　H_2O の分子量 ＝ 1.0×2＋16×1 ＝ 18

解答　(1)　28　　　(2)　18

問題 5.3

次の分子の分子量を求めよ．ただし，原子量は，H ＝ 1.0，C ＝ 12，N ＝ 14，O ＝ 16，S ＝ 32 とする．

(1)　アンモニア NH_3 　　　(2)　メタン CH_4 　　　(3)　硫酸 H_2SO_4

問題 5.4

　次のイオン結晶の式量を求めよ．ただし，原子量は，$H = 1.0$，$C = 12$，$N = 14$，$O = 16$，$F = 19$，$Na = 23$，$S = 32$，$Ca = 40$ とする．

(1)　フッ化ナトリウム NaF 　　　(2)　水酸化ナトリウム $NaOH$

(3)　炭酸カルシウム $CaCO_3$ 　　　(4)　硫酸アンモニウム $(NH_4)_2SO_4$

5.2　物 質 量

5.2.1　物質量と粒子の数

◆モル

　$6.02214076 \times 10^{23}$ 個の要素粒子の集団を「1 mol」と定義する．ただし，本書では計算の煩雑さを避けるため「6.02×10^{23}」または「6.0×10^{23}」の集団を「1 mol」とする．

◆アボガドロ定数

　1 mol あたりの粒子の数をアボガドロ定数 N_A といい，単位は「/mol」とする．本書では「モルの定義」と同様に，計算の煩雑さを避けるため「$N_A = 6.02 \times 10^{23}$/mol」または「$N_A = 6.0 \times 10^{23}$/mol」とする．

◆物質量

　「mol」を単位として表した物質の量を物質量という．

例題 5.4

(1)　水素 3.0 mol には，何個の水素分子が含まれるか．ただし，アボガドロ定数は 6.0×10^{23}/mol とする．

(2)　酸素分子 2.4×10^{21} 個の物質量は何 mol か．

解説

(1)　水素 1 mol には，6.0×10^{23} 個の水素分子が含まれるので，水素 3.0 mol には 6.0×10^{23} 個/mol × 3.0 mol $= 18 \times 10^{23}$ 個 $= 1.8 \times 10^{24}$ 個の水素分子が含まれる．

　　注：18×10^{23} や 0.18×10^{25} などの指数を含む値は，一般に 1.8×10^{24} と表す．

(2)　酸素 1 mol には，6.0×10^{23} 個の酸素分子が含まれるので，

　　6.0×10^{23} 個 ： 1 mol $= 2.4 \times 10^{21}$ 個 ： x mol

　　x mol $= 2.4 \times 10^{21}$ 個 ÷ $(6.0 \times 10^{23}$ 個/mol$) = 0.40 \times 10^{-2}$ mol

　　　　　$= 4.0 \times 10^{-3}$ mol

解答

　(1)　1.8×10^{24} 個　　　(2)　4.0×10^{-3} mol

問題 5.5

(1) メタン 0.60 mol には，何個のメタン分子が含まれるか．ただし，アボガドロ定数は 6.0×10^{23}/mol とする．

(2) 塩素分子 7.5×10^{23} 個の物質量は何 mol か．ただし，アボガドロ定数は 6.0×10^{23}/mol とする．

5.2.2 物質量と質量

^{12}C 原子 1 mol（6.02×10^{23} 個）の質量は 12 g である．原子量は，^{12}C 原子の質量を 12 とおいて基準にした相対質量であることから，ある原子 1 mol の質量は，その原子の原子量に g（グラム）の単位をつけたものとなる．

同様に，分子式や組成式で表される化合物 1 mol の質量は，その分子量や式量に g（グラム）の単位をつけたものとなる．

◆モル質量

粒子 1 mol あたりの質量を**モル質量**という．原子量，分子量，式量に [g/mol] をつけたものとなる．

◆物質量と質量の関係

$$物質量 [mol] = \frac{質量 [g]}{モル質量 [g/mol]}$$

表 5.1 原子量・分子量とモル質量の関係

	C 原子	H 原子	N 原子	NH_3 分子
原子量または分子量	12	1.0	14	17
モル質量	12 g/mol	1.0 g/mol	14 g/mol	17 g/mol

＊同位体の存在比を考慮した質量

例題 5.5

(1) アンモニア NH_3 0.50 mol の質量は何 g か．ただし，原子量は H ＝ 1.0，N ＝ 14 とする．

(2) 二酸化炭素 CO_2 8.8 g の物質量は何 mol か．ただし，原子量は C ＝ 12，O ＝ 16 とする．

解説

(1) アンモニア NH_3 の分子量は $14 + 1.0 \times 3 = 17$ なので，モル質量は 17 g/mol となる．よって，$17 \text{ g/mol} \times 0.50 \text{ mol} = 8.5 \text{ g}$

(2) 二酸化炭素 CO_2 の分子量は $12 + 16 \times 2 = 44$ なので，モル質量は 44 g/mol となる．

$$物質量 \text{ [mol]} = \frac{質量 \text{ [g]}}{モル質量 \text{ [g/mol]}} = \frac{8.8 \text{ g}}{44 \text{ g/mol}} = 0.20 \text{ mol}$$

比の計算を用いる場合

(1) アンモニア 0.50 mol の質量を x g とおくと

$1 \text{ mol} : 17 \text{ g} = 0.50 \text{ mol} : x \text{ g}$

$x \text{ g} = 17 \text{ g/mol} \times 0.50 \text{ mol} = 8.5 \text{ g}$

(2) 二酸化炭素 8.8 g の物質量を y mol とおくと

$44 \text{ g} : 1 \text{ mol} = 8.8 \text{ g} : y \text{ mol}$

$y \text{ mol} = 8.8 \text{ g} \div 44 \text{ g/mol} = 0.20 \text{ mol}$

解答

(1) 8.5 g　　　(2) 0.20 mol

問題 5.6

(1) 一酸化炭素 CO 2.5 mol の質量は何 g か．ただし，原子量は C ＝ 12，O ＝ 16 とする．

(2) 3.6 g の水 H_2O の物質量は何 mol か．ただし，原子量は H ＝ 1.0，O ＝ 16 とする．

5.2.3　物質量と気体の体積

◆アボガドロの法則

「同温，同圧で同体積の気体の中には，気体の種類によらず，同じ数の分子が含まれている．」

◆標準状態の気体の体積

0 °C，1.013×10^5 Pa（本書ではこの状態を標準状態とよぶ）における 1 mol の気体の体積は，気体の種類によらず **22.4 L** である．

表 5.2　標準状態での気体 1 mol の関係

	H_2	O_2	CO_2	Ar
物質量	1 mol	1 mol	1 mol	1 mol
粒子数	6.0×10^{23} 個	6.0×10^{23} 個	6.0×10^{23} 個	6.0×10^{23} 個
質量	2.0 g	32 g	44 g	40 g
体積	22.4 L	22.4 L	22.4 L	22.4 L

例題 5.6

(1)　標準状態で 56 L の体積を占める水素 H_2 の物質量は何 mol か.

(2)　0.80 g のヘリウム He の標準状態における体積は何 L か.

　　　ただし, 原子量は He = 4.0 とする.

解説

(1)　標準状態の気体 1 mol の体積は 22.4 L なので,

　　$56 \, L \div 22.4 \, L/mol = 2.5 \, mol$

(2)　ヘリウムのモル質量は 4.0 g/mol なので, ヘリウム 0.80 g の物質量は

　　$0.80 \, g \div 4.0 \, g/mol = 0.20 \, mol$

　標準状態における 1 mol の体積は 22.4 L なので,

　　$22.4 \, L/mol \times 0.20 \, mol = 4.48 \, L$

比の計算を用いる場合

(1)　標準状態の気体 1 mol の体積は 22.4 L なので, 56 L の水素 H_2 の物質量を x mol とすると,

　　$22.4 \, L : 1 \, mol = 56 \, L : x \, mol$

　よって, $x \, mol = 56 \, L \div 22.4 \, L/mol = 2.5 \, mol$

(2)　標準状態における 0.80 g の He の体積を y L とすると,

　　$1 \, mol : 22.4 \, L = 0.20 \, mol : y \, L$

　よって, $y \, L = 22.4 \, L/mol \times 0.20 \, mol = 4.48 \, L$

解答

(1)　2.5 mol　　　(2)　4.5 L

問題 5.7

(1)　標準状態で 6.72 L の体積を占める酸素の物質量は何 mol か.

(2)　質量 2.0 g のメタン CH_4 の標準状態における体積は何 L か. ただし, 原子量は H = 1.0, C = 12 とする.

5.2.4　物質量と粒子数，質量，気体の体積の関係

これまで学んだように，物質量（モル）を用いると，原子，分子，イオンなどの粒子について，粒子数［個］，質量［g］，気体の体積［L］を相互に変換することができる．

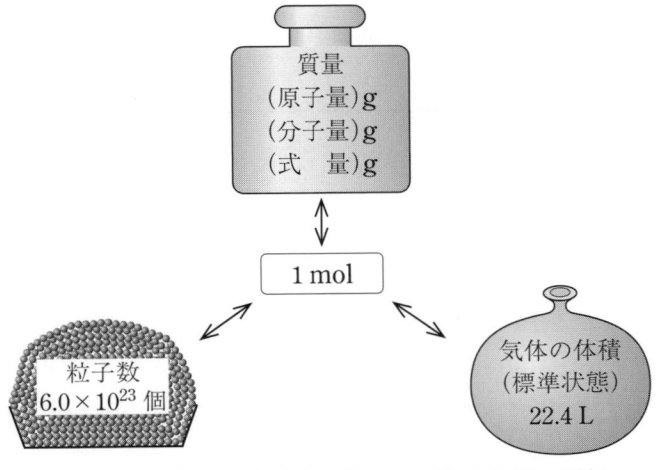

図5.1　物質量と粒子数，質量，気体の体積の関係

例題5.7

(1)　標準状態で5.6 Lの体積を占める水素について，以下の問に答えよ．
　　ただし，原子量は H = 1.0，アボガドロ定数は 6.0×10^{23}/mol とする．
　① この水素の物質量は何 mol か．
　② 質量は何グラムか．
　③ 水素分子の数は何個か．

(2)　質量14.0 gの窒素について，以下の問に答えよ．ただし，原子量は
　　N = 14.0，アボガドロ定数は 6.0×10^{23}/mol とする．
　① この窒素の物質量は何 mol か．
　② この窒素の標準状態における体積は何 L か．
　③ この窒素中の窒素分子の数は何個か．
　④ この窒素中の窒素原子の数は何個か．

解説

(1)

　①　$22.4\,\mathrm{L} : 1\,\mathrm{mol} = 5.6\,\mathrm{L} : x\,\mathrm{mol}$

$x \, \text{mol} = 5.6 \, \text{L} \div 22.4 \, \text{L/mol}$ $x \, \text{mol} = 0.25 \, \text{mol}$

② 水素の分子量は 2.0 だから, $2.0 \, \text{g/mol} \times 0.25 \, \text{mol} = 0.50 \, \text{g}$

③ 6.0×10^{23} 個/mol$\times 0.25 \, \text{mol} = 1.5 \times 10^{23}$ 個

(2)

① 窒素のモル質量は 28.0 g/mol なので,

$14.0 \, \text{g} \div 28.0 \, \text{g/mol} = 0.500 \, \text{mol}$

② $22.4 \, \text{L/mol} \times 0.500 \, \text{mol} = 11.2 \, \text{L}$

③ この窒素は ① より 0.500 mol だから, $0.500 \, \text{mol} \times 6.0 \times 10^{23}/\text{mol} = 3.0 \times 10^{23}$ 個

④ 窒素 N_2 1 個は窒素原子 2 個から成るから, 分子 0.500 mol 中の窒素原子は 2 倍の 1.00 mol である. したがって, 窒素原子数は, 6.0×10^{23} 個となる.

解答

(1) ① 0.25 mol ② 0.50 g ③ 1.5×10^{23} 個

(2) ① 0.500 mol ② 11.2 L ③ 3.0×10^{23} 個 ④ 6.0×10^{23} 個

■ 章末問題 5

5.1 次の問に答えよ. ただし, アボガドロ定数は $6.0 \times 10^{23}/\text{mol}$ とする.

(1) 水 0.50 mol について以下の問いに答えよ.

① 何個の水分子が含まれているか.

② 何個の酸素原子が含まれているか.

③ 何個の水素原子が含まれているか.

(2) 窒素 0.25 mol について以下の問いに答えよ.

① 何個の窒素分子が含まれているか.

② 何個の窒素原子が含まれているか.

(3) アンモニア 2.0 mol について以下の問いに答えよ.

① 何個のアンモニア分子が含まれているか.

② 何個の窒素原子が含まれているか.

③ 何個の水素原子が含まれているか.

(4) 6.0×10^{24} 個の二酸化炭素 CO_2 分子の物質量は何 mol か.

(5) 3.0×10^{23} 個の二酸化硫黄 SO_2 分子の物質量は何 mol か.

(6) 1.2×10^{23} 個のエタン C_2H_6 分子の物質量は何 mol か.

5.2 次の問に答えよ．ただし，原子量は，H = 1.0，C = 12，N = 14，O = 16 とする．

(1) 水素 6.0 g の物質量は何 mol か．

(2) 窒素 8.4 g の物質量は何 mol か．

(3) アンモニア 3.4 g の物質量は何 mol か．

(4) 水 2.0 mol の質量は何 g か．

(5) 二酸化炭素 1.5 mol の質量は何 g か．

5.3 次の問に答えよ．

(1) 水素 2.00 mol が標準状態で占める体積は何 L か．

(2) ヘリウム 0.500 mol が標準状態で占める体積は何 L か．

(3) プロパン 0.250 mol が標準状態で占める体積は何 L か．

(4) 標準状態で 1.12 L を占める酸素の物質量は何 mol か．

(5) 標準状態で 5.60 L を占めるアンモニアの物質量は何 mol か．

(6) 標準状態で 2.80 mL を占める塩化水素の物質量は何 mol か．

5.4 次の問に答えよ．ただし，原子量は，H = 1.0，C = 12，N = 14，O = 16，アボガドロ定数は 6.0×10^{23}/mol とする．

(1) 8.0 g のメタンについて以下の問いに答えよ．

① 物質量は何 mol か．

② 体積は標準状態で何 L か．

③ メタン分子は何個あるか．

④ 何個の水素原子が含まれているか．

(2) 3.0×10^{22} 個の酸素分子について以下の問いに答えよ．

① 物質量は何 mol か．

② 体積は標準状態で何 L か．

③ 質量は何 g か．

(3) 標準状態で 5.6 L のアンモニアについて以下の問いに答えよ．

① 物質量は何 mol か．

② 質量は何 g か．

③ アンモニア分子は何個あるか．

④ 何個の水素原子が含まれているか．

6 | 溶液の濃度

6.1 溶液

結晶の塩化ナトリウムを水に溶かすと，塩化ナトリウムが均一に溶けた液体が生成する．このように固体，液体，気体などの物質が均一に溶解した液体を**溶液**という．溶液において，溶解した物質を**溶質**，物質を溶かした液体を**溶媒**という．

$$[溶液] = [溶質] + [溶媒]$$

溶液中に含まれる溶質の割合を濃度といい，**質量パーセント濃度** [%] や**モル濃度** [mol/L] などの表し方がある．

6.2 質量パーセント濃度

溶液の質量に対する溶質の質量の割合を百分率で表した濃度を**質量パーセント濃度**という．

$$質量パーセント濃度 [\%] = \frac{溶質の質量 [g]}{溶液の質量 [g]} \times 100$$

$$= \frac{溶質の質量 [g]}{溶質の質量 [g] + 溶媒の質量 [g]} \times 100$$

例 塩化ナトリウム 10 g を水 90 g に溶解した水溶液の質量パーセント濃度は，

$$\frac{10 \text{ g}}{10 \text{ g} + 90 \text{ g}} \times 100 = \frac{10 \text{ g}}{100 \text{ g}} \times 100 = 10 \text{ \% である．}$$

例題 6.1

塩化カリウム 25 g を水 100 g に溶かして得られた水溶液の質量パーセント濃度 [%] を求めよ．

解説

$$質量パーセント濃度 [\%] = \frac{溶質の質量 [g]}{溶液の質量 [g]} \times 100$$

$$= \frac{塩化カリウムの質量 [g]}{塩化カリウムの質量 [g] + 水の質量 [g]} \times 100$$

$$= \frac{25\,\mathrm{g}}{25\,\mathrm{g} + 100\,\mathrm{g}} \times 100 = 20\,\%$$

解答　20 %

▌ **問題 6.1**　硝酸カリウム 20 g を水 180 g に溶かした水溶液の質量パーセント濃度を求めよ.

6.3　モ ル 濃 度

溶液 1 L 中に含まれる溶質の量を物質量 [mol] で表した濃度を**モル濃度**という.

$$モル濃度\,[\mathrm{mol/L}] = \frac{溶質の物質量\,[\mathrm{mol}]}{溶液の体積\,[\mathrm{L}]}$$

例　塩化ナトリウム 1 mol (58.5 g) を水に溶かし, 体積を 1 L とした水溶液のモル濃度は, 1 mol/L である.

例題 6.2

　水酸化ナトリウム NaOH 2.0 g を水に溶かし, 体積を 250 mL とした水溶液のモル濃度 [mol/L] を求めよ. ただし, 原子量は H = 1.0, O = 16, Na = 23 とする.

解説

　水酸化ナトリウム NaOH の式量は, 23 + 16 + 1.0 = 40 なので, NaOH 2.0 g の物質量は, 2.0 g ÷ 40 g/mol = 0.050 mol である.

　NaOH 0.050 mol が水溶液 250 mL に溶けているので, 水溶液 1 L (1000 mL) 中に溶けている NaOH の物質量を x mol とすると,

　0.050 mol : 250 mL = x mol : 1000 mL より,

　$x\,\mathrm{mol} = \dfrac{0.050\,\mathrm{mol} \times 1000\,\mathrm{mL}}{250\,\mathrm{mL}} = 0.20\,\mathrm{mol}$ となる.

　よって, 水酸化ナトリウム水溶液の濃度は 0.20 mol/L となる.

解答　0.20 mol/L

▌ **問題 6.2**　水酸化ナトリウム NaOH 8.0 g を水に溶かし, 体積を 500 mL とした水溶液のモル濃度 [mol/L] を求めよ. ただし, 原子量は H = 1.0, O = 16, Na = 23 とする.

■ 章末問題 6

6.1（質量パーセント濃度 [%] を求める） 次の問いに答えよ.

(1) 食塩 5.0 g を水 95 g に溶かした食塩水の質量パーセント濃度 [%] を求めよ.

(2) 塩化カルシウム $CaCl_2$ 16 g を水 184 g に溶かした水溶液の質量パーセント濃度 [%] を求めよ.

(3) 硝酸ナトリウム $NaNO_3$ 4.0 g を水 46 g に溶かした水溶液の質量パーセント濃度 [%] を求めよ.

(4) 塩化ナトリウム $NaCl$ 7.0 g を水 193 g に溶かした水溶液の質量パーセント濃度 [%] を求めよ.

(5) 硝酸カリウム KNO_3 1.0 g を水 100 g に溶かした水溶液の質量パーセント濃度 [%] を求めよ.

6.2（水溶液のモル濃度 [mol/L] を求める） 次の問に答えよ. ただし, 原子量は, H = 1.0, C = 12, O = 16, F = 19, Na = 23 とする.

(1) 11.1 g の塩化カルシウム $CaCl_2$ [式量：111] を水に溶かし, 全体を 1.0 L とした水溶液のモル濃度 [mol/L] を求めよ.

(2) 9.8 g の硫酸 H_2SO_4 [分子量：98] を水に溶かし, 全体を 2.0 L とした希硫酸のモル濃度 [mol/L] を求めよ.

(3) 17 g の硝酸ナトリウム $NaNO_3$ [式量：85] を水に溶かし, 全体を 500 mL とした水溶液のモル濃度 [mol/L] を求めよ.

(4) 3.0 g の酢酸 CH_3COOH を水に溶かし, 全体を 200 mL とした水溶液のモル濃度 [mol/L] を求めよ.

(5) 2.1 g のフッ化ナトリウムを水に溶かし, 全体を 250 mL とした水溶液のモル濃度 [mol/L] を求めよ.

6.3（溶液中に溶けている溶質の物質量 [mol] を求める） 次の問に答えよ.

(1) 濃度が 2.0 mol/L の塩化ナトリウム $NaCl$ 水溶液 1.0 L に含まれる塩化ナトリウムの物質量は何 mol か.

(2) 濃度が 0.80 mol/L の塩化カルシウム $CaCl_2$ 水溶液 2.0 Lに含まれる塩化カルシウムの物質量は何 mol か.

(3) 濃度が 1.6 mol/L の硝酸ナトリウム $NaNO_3$ 水溶液 0.50 L に含まれる硝酸ナトリウムの物質量は何 mol か.

(4) 濃度が 1.5 mol/L の酢酸ナトリウム CH_3COONa 水溶液 500 mL に含まれる酢酸ナトリウムの物質量は何 mol か.

(5) 濃度が 0.40 mol/L の塩化カルシウム $CaCl_2$ 水溶液 250 mL に含まれる塩化カルシウムの物質量は何 mol か.

6.4（溶液中の溶質の質量を求める） 次の値を求めよ．ただし，原子量は，H ＝ 1.0，C ＝ 12，N ＝ 14，O ＝ 16，F ＝ 19，Na ＝ 23，K ＝ 39 とする．

(1) 1.0 mol/L の水酸化ナトリウム水溶液 1.0 L 中に含まれる，水酸化ナトリウム NaOH の質量は何 g か．

(2) 0.10 mol/L の水酸化ナトリウム水溶液 1.0 L 中に含まれる，水酸化ナトリウムの質量は何 g か．

(3) 0.20 mol/L の水酸化カリウム水溶液 0.50 L 中に含まれる，水酸化カリウムの質量は何 g か．

(4) 0.50 mol/L のフッ化ナトリウム水溶液 200 mL 中に含まれる，フッ化ナトリウムの質量は何 g か．

(5) 0.10 mol/L の酢酸ナトリウム水溶液 100 mL 中に含まれる，酢酸ナトリウム CH_3COONa の質量は何 g か．

7 │ 化学反応式と量的関係

7.1 化学反応式

　ある化学反応において，化学式を用いて反応物と生成物の関係を表した式を**化学反応式**という.

◆化学反応式のつくり方

　① 　**反応物**の化学式を左辺に書き，**生成物**の化学式を右辺に書き，矢印 → で結ぶ.

　② 　左辺の反応物と右辺の生成物中に含まれる原子の種類と数が等しくなるように，最も簡単な整数を化学式の前につける. ただし，係数が1の場合は省略する.

　③ 　化学変化の前後で変化しない触媒や溶媒などの物質は書かない.

　例　「水素の燃焼の化学反応式」は，「$2\,H_2+O_2 \longrightarrow 2\,H_2O$」と表される. 反応前の H 原子は4個，O 原子は2個. 反応後の H 原子も4個，O 原子も2個と，反応前後で各原子数は互いに等しい.

化学反応式

$$2\,H_2 \quad + \quad O_2 \quad \longrightarrow \quad 2\,H_2O$$

- -

反応モデル

$$\begin{array}{l} H\text{--}H \\ H\text{--}H \end{array} \quad + \quad O\text{=}O \longrightarrow \begin{array}{l} H\text{--}O\text{--}H \\ H\text{--}O\text{--}H \end{array}$$

例題 7.1

　エチレン C_2H_4 が完全燃焼する化学反応式に係数をつけよ.

$$C_2H_4+ \boxed{①}\ O_2 \longrightarrow \boxed{②}\ CO_2+ \boxed{③}\ H_2O$$

解説

（1） 反応物と生成物の C の数を合わせる.

　反応物の C_2H_4 に含まれる C 原子の数は2なので，生成物の CO_2 に含まれる C 原子の数も

2 となる．よって，CO_2 の係数（空欄 ②）は 2 となる．

(2) 反応物と生成物の H の数を合わせる．

反応物の C_2H_4 に含まれる H 原子の数は 4 なので，生成物の H_2O に含まれる H 原子の数も 4 となる．よって，H_2O の係数（空欄 ③）は 2 となる．

(3) 反応物と生成物の O の数を合わせる．

(1) と (2) の操作後，右辺の生成物の $2\,CO_2$ と $2\,H_2O$ に含まれる O 原子の数は合計で $4+2 = 6$ となる．反応物の O_2 に含まれる O 原子の数も 6 となるので，O_2 の係数（空欄 ①）は 3 となる．

[解答]

 ① 3   ② 2   ③ 2

例題7.2

メタノール CH_3OH が完全燃焼する化学反応式に係数をつけよ．

$$\boxed{①}\ CH_3OH + \boxed{②}\ O_2 \longrightarrow 2\,CO_2 + \boxed{③}\ H_2O$$

[解説]

(1) 反応物と生成物の炭素原子 C の数を合わせる．

生成物の $2\,CO_2$ に含まれる C 原子の数は 2 であるから，反応物の C 原子の数も 2 にするために CH_3OH の係数 ① は 2 となる．

(2) 反応物と生成物の水素原子 H の数を合わせる．

反応物の $2\,CH_3OH$ に含まれる H 原子の数は 8 なので，生成物の H_2O に含まれる H 原子の数も 8 になるように H_2O の係数 ③ は 4 となる．

(3) 反応物と生成物の酸素原子 O の数を合わせる．

(1)，(2) より，右辺の生成物の $2\,CO_2$ と $4\,H_2O$ に含まれる O 原子の数は合計で $2\times2+4 = 8$ になる．反応物の $2\,CH_3OH$ と O_2 に含まれる O 原子の数の合計も 8 とならなければならない．$2\,CH_3OH$ の中には O 原子が 2 個含まれているので，O_2 に含まれる O 原子の数は $8-2 = 6$ となり，O_2 の係数 ② は 3 となる．

[解答]

 ① 2   ② 3   ③ 4

問題7.1 次の化学反応式に係数をつけよ．

(1) $CH_4 + \boxed{①}\ O_2 \longrightarrow \boxed{②}\ CO_2 + \boxed{③}\ H_2O$

(2) $2\,C_2H_6 + \boxed{①}\ O_2 \longrightarrow \boxed{②}\ CO_2 + \boxed{③}\ H_2O$

(3) $\boxed{①}\ H_2O_2 \longrightarrow \boxed{②}\ H_2O + \boxed{③}\ O_2$

7.2 化学反応式の表す量的関係

化学反応式は両辺で原子の数がつり合っているので，反応物と生成物の量的関係も表すことができる．たとえば，一酸化炭素 CO が燃焼して（酸素 O_2 と反応して）二酸化炭素 CO_2 ができる次の化学反応式からは ① ～ ④ のようなことがわかる．

$$2\,CO + O_2 \longrightarrow 2\,CO_2$$

① 一酸化炭素〔CO〕2 分子と酸素〔O_2〕1 分子から二酸化炭素〔CO_2〕2 分子ができる．

② 一酸化炭素 2 mol と酸素 1 mol から二酸化炭素 2 mol ができる．

③ 分子量を用いて物質量〔mol〕を質量〔g〕に置き換えると，一酸化炭素 2×28 g $=$ 56 g と酸素 32 g から二酸化炭素 2×44 g $=$ 88 g ができる，となる．ここで，56 g $+$ 32 g $=$ 88 g が成り立つ（**質量保存の法則**）．

④ 標準状態の気体の体積を用いて物質量〔mol〕を体積〔L〕に変えると，一酸化炭素 2×22.4 L と酸素 22.4 L から二酸化炭素 2×22.4 L ができる．体積比は反応式の係数と同じで，「2 : 1 : 2」と簡単な整数比になる（**気体反応の法則（反応体積比の法則ともいう）**）．

反応物と生成物	【反　　応　　物】 一酸化炭素　　　＋　　　　酸素		⟶	【生　成　物】 二酸化炭素
化学反応式	2 CO　　　　＋	O_2	⟶	2 CO_2
係　　数	2	1		2
分子数	2	1		2
物質量	2 mol	1 mol		2 mol
分子数	$2 \times 6.02 \times 10^{23}$ 個	$1 \times 6.02 \times 10^{23}$ 個		$2 \times 6.02 \times 10^{23}$ 個
質　　量	2×28 g　　　＋	1×32 g	$=$	2×44 g
体積（標準状態）	2×22.4 L	1×22.4 L		2×22.4 L
体積比	2　　　　：	1	：	2

例題 7.3

エチレン C_2H_4 が完全燃焼する反応について，以下の問いに答えよ．ただし，原子量は H $= 1.0$，C $= 12$，O $= 16$ とする．

(1) 0.40 mol のエチレンを完全燃焼させるために必要な酸素の物質量は何 mol か．

(2)　0.50 mol のエチレンから生成する二酸化炭素 CO_2 の質量は何 g か.

(3)　7.0 g のエチレンから生成する水 H_2O の質量は何 g か.

解説

エチレンが完全燃焼する化学反応式は次のように表される.

$$C_2H_4 + 3\,O_2 \longrightarrow 2\,CO_2 + 2\,H_2O$$

(1) 化学反応式から，1 mol のエチレンと 3 mol の酸素が反応するので，0.40 mol のエチレンを完全燃焼させるために必要な酸素は，0.40 mol×3 = 1.20 mol である.

(2)　化学反応式から，1 mol のエチレンが完全燃焼すると 2 mol の二酸化炭素が生成するから，0.50 mol のエチレンから生成する二酸化炭素 CO_2 は 0.50 mol×2 = 1.0 mol となる. ここで，二酸化炭素の分子量は，12＋16×2 = 44 なので，0.50 mol のエチレンから生成する二酸化炭素 CO_2 の質量は 44 g となる.

(3)　エチレンの分子量は 12×2＋1.0×4 = 28 なので，7.0 g のエチレンの物質量は 7.0 g÷28 g/mol = 0.25 mol となる.

　　化学反応式から，1 mol のエチレンから生成する水は 2 mol なので，0.25 mol のエチレンから生成する水の物質量は 0.25 mol×2 = 0.50 mol となる. ここで，水の分子量は 1.0×2＋16 = 18 なので，0.50 mol の水の質量は 18 g/mol×0.50 mol = 9.0 g となる.

【別解】

　　化学反応式より，1 mol = 28 g のエチレンから，2 mol = 2×18 = 36 g の水が生成するので，7.0 g のエチレンから生成する水 H_2O の質量を x g とすると，比の計算より，28 g：36 g = 7.0：x g となる.

　　よって，x g = 36 g×7.0 g÷28 g = 9.0 g

解答　(1)　1.2 mol　　　(2)　44 g　　　(3)　9.0 g

問題 7.2

　プロパン C_3H_8 が完全燃焼する反応について，以下の問いに答えよ. ただし，原子量は H = 1.0，C = 12，O = 16 とする.

(1)　0.50 mol のプロパンを完全燃焼させるために必要な酸素は何 mol か.

(2)　0.50 mol のプロパンから生成する二酸化炭素は何 g か.

(3)　4.4 g のプロパンから生成する水は何 g か.

■ 章末問題 7

7.1　次の化学反応式に係数をつけよ.

(1)　[　　　]H_2＋[　　　]O_2 ⟶ [　　　]H_2O

(2)　[　　　]N_2＋[　　　]H_2 ⟶ [　　　]NH_3

(3) ☐ Zn + ☐ HCl ⟶ ☐ $ZnCl_2$ + ☐ H_2

(4) ☐ Mg + ☐ O_2 ⟶ ☐ MgO

(5) ☐ Al + ☐ O_2 ⟶ ☐ Al_2O_3

(6) ☐ Fe_2O_3 + ☐ H_2 ⟶ ☐ Fe + ☐ H_2O

(7) ☐ CH_4 + ☐ O_2 ⟶ ☐ CO_2 + ☐ H_2O

(8) ☐ C_2H_6 + ☐ O_2 ⟶ ☐ CO_2 + ☐ H_2O

(9) ☐ C_2H_4 + ☐ O_2 ⟶ ☐ CO_2 + ☐ H_2O

(10) ☐ C_3H_8 + ☐ O_2 ⟶ ☐ CO_2 + ☐ H_2O

(11) ☐ C_2H_5OH + ☐ O_2 ⟶ ☐ CO_2 + ☐ H_2O

(12) ☐ CH_3OH + ☐ O_2 ⟶ ☐ CO_2 + ☐ H_2O

7.2 次の化学反応を化学反応式を用いて表せ.

(1) 炭素を完全燃焼させた.

(2) 酸化鉄 (III) Fe_2O_3 にアルミニウム粉末を混ぜて点火すると, 鉄と酸化アルミニウムが生成した.

(3) 酸化カルシウム CaO (生石灰と呼ばれ, 乾燥剤として利用される) に水を加えると, 水酸化カルシウム $Ca(OH)_2$ (消石灰) が生成した.

(4) アセチレン C_2H_2 を完全燃焼させた.

(5) ブタン C_4H_{10} を完全燃焼させた.

7.3 以下の問いに答えよ. ただし, 原子量は H = 1.0, C = 12, O = 16, アボガドロ定数は $N_A = 6.0 \times 10^{23}$/mol とする.

(1) メタン CH_4 が完全燃焼する化学反応について, 以下の (ア)〜(エ) の問いに答えよ.

(ア) この反応の化学反応式を書け.

(イ) メタン 4.0 g を完全燃焼させたとき, 生成する二酸化炭素と水の物質量はそれぞれ何 mol か.

(ウ) この反応で二酸化炭素が 0.20 mol 生じたとき, 消費されたメタンの物質量は何 mol か. また, このメタンの質量は何 g か.

(エ) この反応で水が 3.6 g 生じたとき, 消費された酸素の物質量は何 mol か. また, この酸素の質量は何 g か.

(2) 過酸化水素水 H_2O_2 に触媒として塩化鉄 (III) を加えると, 水と酸素に分解する. この反応について以下の問いに答えよ.

(ア) この化学反応式を書け.

(イ) 過酸化水素 3.4 g がすべて分解したとき, 生じる水の物質量は何 mol か. また, この水の質量は何 g か.

(ウ) 過酸化水素 0.17 g がすべて分解したとき, 生じる酸素の物質量は何 mol か. また, この酸素の体積は標準状態で何 mL か.

問 題 の 解 答

第 5 章

5.1 ^{23}Na 原子の相対質量を x とすると 1.99×10^{-23} g : 3.82×10^{-23} g $= 12 : x$

$x = (3.82 \times 10^{-23}$ g$) \times 12 \div (1.99 \times 10^{-23}$ g$) = 23.03$ $\boxed{\text{答}}$ 23.0

5.2 $10.0 \times (19.9/100) + 11.0 \times (80.1/100) = 10.80$ $\boxed{\text{答}}$ 10.8

5.3 (1) $14 + 1.0 \times 3 = 17$ $\boxed{\text{答}}$ 17   (2) $12 + 1.0 \times 4 = 16$ $\boxed{\text{答}}$ 16

(3) $1.0 \times 2 + 32 + 16 \times 4 = 98$ $\boxed{\text{答}}$ 98

5.4 (1) $23 + 19 = 42$ $\boxed{\text{答}}$ 42   (2) $23 + 16 + 1.0 = 40$ $\boxed{\text{答}}$ 40

(3) $40 + 12 + 16 \times 3 = 100$ $\boxed{\text{答}}$ 100

(4) $(14 + 1.0 \times 4) \times 2 + 32 + 16 \times 4 = 132$ $\boxed{\text{答}}$ 132

5.5 (1) 0.60 mol $\times 6.0 \times 10^{23}$ 個/mol $= 3.6 \times 10^{23}$ 個 $\boxed{\text{答}}$ 3.6×10^{23} 個

(2) 7.5×10^{23} 個 $\div (6.0 \times 10^{23}$ 個 /mol$) = 1.25$ mol $\boxed{\text{答}}$ 1.25 mol

5.6 (1) CO の分子量は，$12 + 16 = 28$ なので，2.5 mol $\times 28$ g/mol $= 70$ g $\boxed{\text{答}}$ 70 g

(2) H_2O の分子量は，$1.0 \times 2 + 16 = 18$ なので，3.6 g $\div 18$ g/mol $= 0.20$ mol

$\boxed{\text{答}}$ 0.20 mol

5.7 (1) 6.72 L $\div 22.4$ L/mol $= 0.300$ mol $\boxed{\text{答}}$ 0.300 mol

(2) CH_4 の分子量は，$12 + 1.0 \times 4 = 16$ だから，CH_4 2.0 g は，2.0 g $\div 16$ g/mol $=$ 0.125 mol となる．0.125 mol $\times 22.4$ L/mol $= 2.8$ L $\boxed{\text{答}}$ 2.8 L

第 6 章

6.1 $\dfrac{20 \text{ g}}{20 \text{ g} + 180 \text{ g}} \times 100 = \dfrac{20 \text{ g}}{200 \text{ g}} \times 100 = 10\%$ $\boxed{\text{答}}$ 10%

6.2 NaOH の式量は，$23 + 16 + 1.0 = 40$ だから，

$\dfrac{8.0 \text{ g} \div 40 \text{ g/mol}}{0.50 \text{ L}} = 0.40$ mol/L $\boxed{\text{答}}$ 0.40 mol/L

第 7 章

7.1 (1) 反応前の C は 1 個だから，反応後の CO_2 の係数 ② は 1 と決まる．反応前の H は 4 個だから，反応後の係数 ③ は 2 となる．反応後の O は，CO_2 中の 2 個と H_2O 中の $2 \times 1 = 2$ 個を合計した 4 個だから，係数 ① は 2 となる．

$\boxed{\text{答}}$ ① : 2，② : 1，③ : 2

(2) 反応前の C は $2 \times 2 = 4$ 個だから，反応後の CO_2 の係数 ② は 4 と決まる．反応前の H は $2 \times 6 = 12$ 個だから，反応後の係数 ③ は 6 となる．反応後の O は $4 \times 2 + 6 \times 1 = 14$ 個だから，係数 ① は 7 となる．　　答　①：7，②：4，③：6

(3) 係数 ① を仮に 1 とすると反応前の H は 2 個となるので，反応後の係数 ② は 1 となる．反応前の O は 2 個だから，反応後の O は H_2O に 1 個入っているので係数 ③ は 1/2 となる．化学反応式の係数は整数でないといけないから，すべての係数を 2 倍する．　　答　①：2，②：2，③：1

7.2 この化学反応式は，次のように表される．

$$C_3H_8 + 5\,O_2 \longrightarrow 3\,CO_2 + 4\,H_2O$$

(1) 反応式より，$0.50\,\text{mol} \times 5 = 2.5\,\text{mol}$　　答　$2.5\,\text{mol}$

(2) 生成する二酸化炭素は，反応式より $0.50\,\text{mol} \times 3 = 1.5\,\text{mol}$ となる．二酸化炭素の分子量は 44 だから，$1.5\,\text{mol} \times 44\,\text{g/mol} = 66\,\text{g}$　　答　$66\,\text{g}$

(3) プロパンの分子量は 44 だから，$4.4\,\text{g}$ のプロパンは $4.4\,\text{g} \div 44\,\text{g/mol} = 0.10\,\text{mol}$．ゆえに，生成する水は，反応式より $0.10\,\text{mol} \times 4 = 0.40\,\text{mol}$ となる．水の分子量は 18 だから，$0.40\,\text{mol} \times 18\,\text{g/mol} = 7.2\,\text{g}$　　答　$7.2\,\text{g}$

章末問題の解答

第1章

1.1

① 正　　② 陽子　　③ 中性子　　④ 原子核　　⑤ 負　　⑥ 電子

⑦ 等し　　⑧ 中性　　⑨ 1840　　⑩ 原子番号　　⑪ 質量数

⑫ 同位体

1.2

① 12　　② 13　　③ 14　　④ 20　　⑤ 19　　⑥ 21　　⑦ 45

⑧ 21　　⑨ 同位体　　⑩ 17　　⑪ 18　　⑫ 20

第2章

2.1

① 電子殻　　② K　　③ L　　④ M　　⑤ 2　　⑥ 8　　⑦ 18

⑧ $2n^2$　　⑨ 閉殻　　⑩ 価電子　　⑪ 陽　　⑫ 陰

2.2

(1) K^2L^4　　(2) K^2L^7　　(3) $K^2L^8M^1$　　(4) K^2L^8　　(5) K^2L^8

(6) $K^2L^8M^8$　　(7) $K^2L^8M^8$　　(8) $K^2L^8M^8N^2$　　(9) $K^2L^8M^8$

第3章

3.1

① 原子番号　　② 族　　③ 周期　　④ アルカリ金属　　⑤ 1

⑥ アルカリ土類金属　　⑦ 2　　⑧ ハロゲン　　⑨ 陰　　⑩ 貴ガス

3.2

① F　　② K　　③ He, Ne, Ar　　④ Be, Mg, Ca　　⑤ F, Cl

⑥ Li, Na, K　　⑦ Li, Na, K　　⑧ Al　　⑨ F, Cl　　⑩ O, S

⑪ He, Ne, Ar

第4章

4.1

① クーロン　　② イオン結合　　③ イオン結晶　　④ 高　　⑤ 融解

⑥ 価電子　　⑦ 共有結合　　⑧ 分子間力　　⑨ 分子結晶

⑩ 低 　　⑪ 共有結合の結晶　　⑫ 価電子（不対電子）　　⑬ 共有結合

⑭ 高　　⑮ 自由電子　　⑯ 金属結合　　⑰ 熱　　⑱ 展性　　⑲ 延性

4.2

① $NaCl$ 塩化ナトリウム　　② Al_2O_3 酸化アルミニウム

③ $Ca(OH)_2$ 水酸化カルシウム　　④ $(NH_4)_2SO_4$ 硫酸アンモニウム

⑤ MgF_2 フッ化マグネシウム

4.3

	①	②	③	④	⑤	⑥
分子式	N_2	H_2O	CO_2	NH_3	CH_4	SO_2
共有電子対	3	2	4	3	4	／
非共有電子対	2	2	4	1	0	／

4.4

① B　　② D　　③ C　　④ A　　⑤ A　　⑥ D　　⑦ C

⑧ B

4.5

	①	②	③	④
電子式	:F:F:	Ö::Ö	H:Cl:	H H C::C H H
共有電子対	1	2	1	6
非共有電子対	6	4	3	0

4.6

① H−O−H　　② Cl−Cl　　③ O=O　　④ N≡N　　⑤ H−N−H
　　　　　　　　　　　　　　　　　　　　　　　　　　　　　　|
　　　　　　　　　　　　　　　　　　　　　　　　　　　　　　H

　　　　　　　　　　　　　H　　　　　　　　　　　　　　　　　　H
　　　　　　　　　　　　　|　　　　　　H　　　　H　　　　　　　|
⑥ O=C=O　　⑦ H−C−H　　⑧ 　C=C　　⑨ H−C−O−H
　　　　　　　　　　　　　|　　　　H　　　　H　　　　　　　|
　　　　　　　　　　　　　H　　　　　　　　　　　　　　　　　　H

第5章

5.1

(1)　①　$0.50\,\text{mol} \times 6.0 \times 10^{23}/\text{mol} = 3.0 \times 10^{23}$　　**3.0×10^{23} 個**

② H_2O 分子 1 個の中に O 原子は 1 個だから，酸素原子数は **3.0×10^{23} 個**

③ H_2O 分子 1 個の中に H 原子は 2 個だから，水素原子数は **6.0×10^{23} 個**

(2) ① $0.25 \, mol \times 6.0 \times 10^{23}/mol = 1.5 \times 10^{23}$ **1.5×10^{23} 個**

② N_2 分子 1 個の中に N 原子は 2 個だから，窒素原子数は **3.0×10^{23} 個**

(3) ① $2.0 \, mol \times 6.0 \times 10^{23}/mol = 12 \times 10^{23} = 1.2 \times 10^{24}$ **1.2×10^{24} 個**

② NH_3 分子 1 個の中に N 原子は 1 個だから，窒素原子数は **1.2×10^{24} 個**

③ NH_3 分子 1 個の中に H 原子は 3 個だから，水素原子数は **3.6×10^{24} 個**

(4) $6.0 \times 10^{24} \div (6.0 \times 10^{23}/mol) = 10 \, mol$ **10 mol**

(5) $3.0 \times 10^{23} \div (6.0 \times 10^{23}/mol) = 0.50 \, mol$ **0.50 mol**

(6) $1.2 \times 10^{23} \div (6.0 \times 10^{23}/mol) = 0.20 \, mol$ **0.20 mol**

5.2

(1) 水素 H_2 の分子量は $1.0 \times 2 = 2.0$ だから $6.0 \, g \div 2.0 \, g/mol = 3.0 \, mol$ **3.0 mol**

(2) 窒素 N_2 の分子量は $14 \times 2 = 28$ だから $8.4 \, g \div 28 \, g/mol = 0.30 \, mol$ **0.30 mol**

(3) アンモニア NH_3 の分子量は $14 + 1.0 \times 3 = 17$ だから $3.4 \, g \div 17 \, g/mol = 0.20 \, mol$

    0.20 mol

(4) 水 H_2O の分子量は $1.0 \times 2 + 16 = 18$ だから $2.0 \, mol \times 18 \, g/mol = 36 \, g$ **36 g**

(5) 二酸化炭素 CO_2 の分子量は $12 + 16 \times 2 = 44$ だから $1.5 \, mol \times 44 \, g/mol = 66 \, g$ **66 g**

5.3

(1) $2.00 \, mol \times 22.4 \, L/mol = 44.8 \, L$ **44.8 L**

(2) $0.500 \, mol \times 22.4 \, L/mol = 11.2 \, L$ **11.2 L**

(3) $0.250 \, mol \times 22.4 \, L/mol = 5.60 \, L$ **5.60 L**

(4) $1.12 \, L \div 22.4 \, L/mol = 0.0500 \, mol$ **5.00×10^{-2} mol**

(5) $5.60 \, L \div 22.4 \, L/mol = 0.250 \, mol$ **0.250 mol**

(6) $1 \, L = 1000 \, mL$ だから，$2.80 \, mL$ は，$2.80 \times 10^{-3} \, L$ となる．ゆえに，物質量は $2.80 \times 10^{-3} \, L \div 22.4 \, L/mol = 0.125 \times 10^{-3} \, mol = 1.25 \times 10^{-4} \, mol$ **1.25×10^{-4} mol**

5.4

(1) ① メタン CH_4 の分子量は $12 + 1.0 \times 4 = 16$ だから $8.0 \, g \div 16 \, g/mol = 0.50 \, mol$

    0.50 mol

② $0.50 \, mol \times 22.4 \, L/mol = 11.2 \, L$ **11 L**

③ $0.50 \, mol \times 6.0 \times 10^{23}/mol = 3.0 \times 10^{23}$ **3.0×10^{23} 個**

④ メタン分子 1 個の中に水素原子は 4 個含まれているので，$4 \times 3.0 \times 10^{23} = 12 \times 10^{23} = 1.2 \times 10^{24}$ **1.2×10^{24} 個**

(2) ① $3.0 \times 10^{22} \div (6.0 \times 10^{23}/mol) = 0.050 \, mol = 5.0 \times 10^{-2} \, mol$ **5.0×10^{-2} mol**

② $5.0 \times 10^{-2} \, mol \times 22.4 \, L/mol = 1.12 \, L$ **1.1 L**

③ 酸素 O_2 の分子量は $16 \times 2 = 32$ だから，$5.0 \times 10^{-2} \, mol \times 32 \, g/mol = 1.6 \, g$

    1.6 g

(3) ① $5.6\,\mathrm{L} \div 22.4\,\mathrm{L/mol} = 0.25\,\mathrm{mol}$ **0.25 mol**

② アンモニアの分子量は 17 だから，モル質量は $17\,\mathrm{g/mol} \times 0.25\,\mathrm{mol} = 4.25\,\mathrm{g}$

4.25 g

③ $0.25\,\mathrm{mol} \times 6.0 \times 10^{23}/\mathrm{mol} = 1.5 \times 10^{23}$ **1.5×10^{23} 個**

④ アンモニア分子 1 個の中に 3 個の水素原子が含まれているから，$3 \times 1.5 \times 10^{23} = 4.5 \times 10^{23}$ **4.5×10^{23} 個**

第 6 章

6.1

(1) $\dfrac{5.0}{5.0+95} \times 100 = \mathbf{5.0\,\%}$ (2) $\dfrac{16}{16+184} \times 100 = \mathbf{8.0\,\%}$

(3) $\dfrac{4.0}{4.0+46} \times 100 = \mathbf{8.0\,\%}$ (4) $\dfrac{7.0}{7.0+193} \times 100 = \mathbf{3.5\,\%}$

(5) $\dfrac{1.0}{1.0+100} \times 100 = 0.990$ **0.99 %**

6.2

(1) $\dfrac{11.1\,\mathrm{g} \div 111\,\mathrm{g/mol}}{1.0\,\mathrm{L}} = \mathbf{0.10\,mol/L}$

(2) $\dfrac{9.8\,\mathrm{g} \div 98\,\mathrm{g/mol}}{2.0\,\mathrm{L}} = 0.050\,\mathrm{mol/L} = \mathbf{5.0 \times 10^{-2}\,mol/L}$

(3) $\dfrac{17\,\mathrm{g} \div 85\,\mathrm{g/mol}}{0.50\,\mathrm{L}} = \mathbf{0.40\,mol/L}$ (4) $\dfrac{3.0\,\mathrm{g} \div 60\,\mathrm{g/mol}}{0.2\,\mathrm{L}} = \mathbf{0.25\,mol/L}$

(5) フッ化ナトリウム NaF の式量は 42 だから $\dfrac{2.1\,\mathrm{g} \div 42\,\mathrm{g/mol}}{0.25\,\mathrm{L}} = \mathbf{0.20\,mol/L}$

6.3

(1) $2.0\,\mathrm{mol/L} \times 1.0\,\mathrm{L} = \mathbf{2.0\,mol}$ (2) $0.80\,\mathrm{mol/L} \times 2.0\,\mathrm{L} = \mathbf{1.6\,mol}$

(3) $1.6\,\mathrm{mol/L} \times 0.50\,\mathrm{L} = \mathbf{0.80\,mol}$ (4) $1.5\,\mathrm{mol/L} \times 0.50\,\mathrm{L} = \mathbf{0.75\,mol}$

(5) $0.40\,\mathrm{mol/L} \times 0.25\,\mathrm{L} = \mathbf{0.10\,mol}$

6.4

(1) 1.0 mol/L の水酸化ナトリウム水溶液 1.0 L 中には，NaOH が $1.0\,\mathrm{mol/L} \times 1.0\,\mathrm{L} = 1.0\,\mathrm{mol}$ 溶けているから，NaOH（式量は 40）の質量は，$40\,\mathrm{g/mol} \times 1.0\,\mathrm{mol} = \mathbf{40\,g}$

(2) 0.10 mol/L の水酸化ナトリウム水溶液 1.0 L 中には，NaOH が $0.10\,\mathrm{mol/L} \times 1.0\,\mathrm{L} = 0.10\,\mathrm{mol}$ 溶けているから，NaOH（式量は 40）の質量は，$40\,\mathrm{g/mol} \times 0.10\,\mathrm{mol} = \mathbf{4.0\,g}$

(3) 0.20 mol/L の水酸化カリウム水溶液 0.50 L 中には，KOH が $0.20\,\mathrm{mol/L} \times 0.50\,\mathrm{L} = 0.10\,\mathrm{mol}$ 溶けているから，KOH（式量は 56）の質量は $56\,\mathrm{g/mol} \times 0.10\,\mathrm{mol} = \mathbf{5.6\,g}$

(4) 0.50 mol/L のフッ化ナトリウム水溶液 $200\,\mathrm{mL} = 0.20\,\mathrm{L}$ 中には，NaF が $0.50\,\mathrm{mol/L} \times 0.20\,\mathrm{L} = 0.10\,\mathrm{mol}$ 溶けているから，NaF（式量 42）の質量は，$42\,\mathrm{g/mol} \times 0.10\,\mathrm{mol} = \mathbf{4.2\,g}$

(5) 0.10 mol/L の酢酸ナトリウム水溶液 100 mL ＝ 0.10 L 中には，CH_3COONa が 0.10 mol/L×0.10 L ＝ 0.010 mol 溶けているから，CH_3COONa（式量 82）の質量は，82 g/mol ×0.010 mol ＝ **0.82 g**

第 7 章

7.1

(1) 2, 1, 2　　(2) 1, 3, 2　　(3) 1, 2, 1, 1　　(4) 2, 1, 2

(5) 4, 3, 2　　(6) 1, 3, 2, 3　　(7) 1, 2, 1, 2　　(8) 2, 7, 4, 6

(9) 1, 3, 2, 2　　(10) 1, 5, 3, 4　　(11) 1, 3, 2, 3　　(12) 2, 3, 2, 4

7.2

(1) $C+O_2 \longrightarrow CO_2$　　(2) $Fe_2O_3+2\,Al \longrightarrow 2\,Fe+Al_2O_3$

(3) $CaO+H_2O \longrightarrow Ca(OH)_2$

(4) $2\,C_2H_2+5\,O_2 \longrightarrow 4\,CO_2+2\,H_2O$

(5) $2\,C_4H_{10}+13\,O_2 \longrightarrow 8\,CO_2+10\,H_2O$

7.3

(1) （ア）　$CH_4+2\,O_2 \longrightarrow CO_2+2\,H_2O$

　　（イ）　メタンの分子量は 16 だからメタン 4.0 g は 4.0 g÷16 g/mol ＝ 0.25 mol となる．反応式より二酸化炭素：**0.25 mol**，水：**0.50 mol**

　　（ウ）　反応式より物質量：**0.20 mol**，質量：16 g/mol×0.20 mol ＝ **3.2 g**

　　（エ）　水の分子量は 18 だから水 3.6 g は 3.6 g÷18 g/mol ＝ 0.20 mol．反応式より物質量：**0.20 mol**．酸素の分子量は 32 だから，質量は 32 g/mol×0.20 mol ＝ **6.4 g**

(2) （ア）　$2\,H_2O_2 \longrightarrow 2\,H_2O+O_2$

　　（イ）　過酸化水素の分子量は 34 だから過酸化水素 3.4 g は 3.4 g÷34 g/mol ＝ 0.10 mol となる．反応式より水の物質量：**0.10 mol**．水の分子量は 18 だから，水の質量：18 g/mol×0.10 mol ＝ **1.8 g**

　　（ウ）　過酸化水素 0.17 g の物質量は，0.17 g÷34 g/mol ＝ 5.0×10^{-3} mol となる．反応式より酸素の物質量は 5.0×10^{-3} mol÷2 ＝ **2.5×10^{-3} mol**．

　　　　酸素の体積は，2.5×10^{-3} mol×22.4 L/mol ＝ 56×10^{-3} L ＝ **56 mL**

補 充 問 題

1. 以下の記述中の (1)～(3) の ☐ に最もふさわしいものを ①～⑤ から選び，記号で 1 つ答えよ.

(1) すべての原子は，中心に位置する ☐ と，電子から成り立つ.

　① 陽子　　　② 中性子　　　③ 原子核　　　④ 原子殻　　　⑤ 電子殻

(2) 原子の質量数とは，☐ に等しい

　① 陽子数と電子数の合計　　　② 陽子数と中性子数の合計　　　③ 原子番号

　④ 中性子数　　　⑤ 陽子数

(3) 同位体とは原子番号が同じであるが，☐ が異なる関係にある原子どうしを指す.

　① 電子数　　　② 陽子数　　　③ 中性子数　　　④ 元素記号

　⑤ 化学的性質

2. 以下の (1)～(7) の原子番号に該当する元素記号，名称を答えよ.

(1) 原子番号 = 2　　　(2) 原子番号 = 6　　　(3) 原子番号 = 8

(4) 原子番号 = 13　　　(5) 原子番号 = 16　　　(6) 原子番号 = 18

(7) 原子番号 = 20

3. 以下の原子 (1)～(8) の電子配置を例にならって書け.

例：ナトリウム原子 $K^2L^8M^1$

(1) 原子番号が 5 の原子　　　(2) 炭素原子　　　(3) 陽子数が 16 の原子

(4) 窒素原子　　　　　　　　(5) ヘリウム原子　　(6) 電子数が 10 の原子

(7) アルミニウム原子　　　　(8) カリウム原子

4. 以下の原子 (1)～(6) の価電子数を答えよ.

(1) 炭素原子　　(2) 酸素原子　　　(3) リン原子

(4) 塩素原子　　(5) アルゴン原子　(6) カリウム原子

5. 以下のイオンの化学式を答えよ.

(1) リチウムイオン　　　　　(2) 酸化物イオン

(3) フッ化物イオン　　　　　(4) ナトリウムイオン

(5) マグネシウムイオン　　　(6) アルミニウムイオン

(7) 硫化物イオン　　　　　　(8) 塩化物イオン　　　　　(9) 水素イオン

(10) アンモニウムイオン　　(11) 水酸化物イオン

(12) カルシウムイオン　　　(13) カリウムイオン　　　　(14) 硫酸イオン

(15) 硝酸イオン　　　　　　(16) 炭酸イオン

6. 次の (1)〜(4) に当てはまるものを, それぞれ解答群 ①〜⑤ のうちから 1 つ選べ.

(1) 貴ガス元素に属する元素

① Ne　　　② Cl　　　③ Na　　　④ S　　　⑤ Si

(2) アルゴンの電子配置と同じ電子配置をとるイオン

① Mg^{2+}　　　② O^{2-}　　　③ Al^{3+}　　　④ S^{2-}　　　⑤ F^-

(3) 価電子数がゼロである元素

① Li　　　② C　　　③ He　　　④ Si　　　⑤ P

(4) 安定なイオンになりにくい元素

① Ar　　　② Li　　　③ Na　　　④ F　　　⑤ Cl

7. 以下の問いに答えよ.

(1) 価電子数 ＝ 2 のある原子 X が安定なイオンになったときの化学式を以下の ①〜⑤ から 1 つ選べ.

① X^+　　　② X^{2+}　　　③ X^{3+}　　　④ X^-　　　⑤ X^{2-}

(2) 価電子数 ＝ 7 のある原子 Y が安定なイオンになったときの化学式を以下の ①〜⑤ から 1 つ選べ.

① Y^+　　　② Y^{2+}　　　③ Y^{3+}　　　④ Y^-　　　⑤ Y^{2-}

8. 以下の (1), (2) について, 適当なものを選択肢の中から 1 つ選べ.

選択肢

① ナトリウム　　② フッ素　　③ 水素　　④ 酸素　　⑤ 窒素

(1) 陽性が最も大きな元素

(2) 陰性が最も大きな元素

9. 次の (1)〜(8) の各分子 1 分子中に，共有電子対および非共有電子対はそれぞれ何対あるか．

(1) 二酸化炭素　　　(2) 塩素　　　　　(3) 窒素　　　(4) 酸素

(5) 塩化水素　　　　(6) アンモニア　　(7) メタノール CH_3OH

(8) フッ素

10. 以下の原子間で形成される化学結合について，金属結合には (A)，イオン結合には (B)，共有結合には (C) をつけよ．

(1) 鉄　　　(2) 水素と窒素　　　(3) 酸素と硫黄　　　(4) カルシウムと塩素

11. 次の ①〜⑫ の結晶について，金属結晶である場合には A，イオン結晶である場合には B，分子結晶である場合には C，共有結合の結晶である場合には D をつけよ．

　　① 塩化ナトリウム　　② 硫黄　　　　　③ ダイヤモンド

　　④ 白金　　　　　　　⑤ カルシウム　　⑥ ケイ素

　　⑦ 水　　　　　　　　⑧ 酸化カルシウム　⑨ アンモニア

　　⑩ 水銀　　　　　　　⑪ 二酸化ケイ素　　⑫ 酸化アルミニウム

12. 以下の記述 (1)〜(5) について，金属結晶の特徴に関して述べたものには A，イオン結晶の特徴に関して述べたものには B，分子結晶の特徴に関して述べたものには C，共有結合の結晶に関して述べたものには D をつけよ．

(1) 固体でも熱や電気を通し，独特な光沢を示す．

(2) 展性・延性を示す．

(3) 粒子間の結合が弱いため，融点・沸点が低く，昇華性を示すものがある．

(4) 固体では電気を通さないが，融解したり水に溶かすと電気を通す．

(5) 無限大に共有結合でつながった結晶を作るため，融点が極めて高い．

13. 以下の空欄 ①～④ に当てはまる名称や化学式を以下の選択肢からそれぞれ 1 つずつ選べ.

名称	化学式
塩化リチウム	③
①	$CaCO_3$
②	Na_2CO_3
硫酸アンモニウム	④

[選択肢]

（ア） ナトリウム炭酸　　　（イ） 炭酸ナトリウム　　　（ウ） 炭酸カルシウム

（エ） カルシウム炭酸　　　（オ） LiCl　　　（カ） LiF

（キ） ClLi　　　（ク） FLi　　　（ケ） NH_4SO_4

（コ） $(NH_4)_2SO_4$　　　（サ） SO_4NH_4

14. 以下の組成式, 分子式, または示性式を書け.

(1) 塩化ナトリウム　　　(2) 酸化アルミニウム　　　(3) フッ化ナトリウム

(4) 塩化マグネシウム　　　(5) フッ化リチウム　　　(6) 酸化カルシウム

(7) 二酸化炭素　　　(8) 二酸化硫黄　　　(9) メタン

(10) エチレン　　　(11) アンモニア　　　(12) 酸素

(13) 水　　　(14) エタノール　　　(15) メタノール

(16) アセチレン

15. 以下の値を求めよ. ただし, 原子量は H = 1.0, C = 12, N = 14, O = 16, Cl = 35.5, Ca = 40 とする.

(1) アンモニア 5.1 g の物質量（mol）

(2) 酸素 0.32 g の物質量（mol）

(3) エチレン 1.5 mol の質量（g）

(4) 塩化カルシウム 0.10 mol の質量（g）

16. 以下の値を求めよ．ただし，アボガドロ定数は $6.0 \times 10^{23}/\mathrm{mol}$ とする．

(1) 二酸化炭素 $0.50\,\mathrm{mol}$ に含まれる二酸化炭素の個数

(2) 窒素 $0.25\,\mathrm{mol}$ に含まれる窒素の個数

(3) 3.0×10^{23} 個の水素の物質量（mol）

(4) 6.0×10^{20} 個のアンモニアの物質量（mol）

17. 以下の値を求めよ．

(1) 水素 $0.50\,\mathrm{mol}$ が標準状態において占める体積（L）

(2) アルゴン $0.25\,\mathrm{mol}$ が標準状態において占める体積（L）

(3) 標準状態において，$0.224\,\mathrm{L}$ を占めるネオンの物質量（mol）

(4) 標準状態において，$1.12\,\mathrm{L}$ を占める水素の物質量（mol）

18. 以下の値を求めよ．ただし，原子量は $\mathrm{H} = 1.0$，$\mathrm{C} = 12$，$\mathrm{N} = 14$，$\mathrm{O} = 16$，$\mathrm{S} = 32$，アボガドロ定数は $6.0 \times 10^{23}/\mathrm{mol}$ とする．

(1) $3.2\,\mathrm{g}$ の酸素が標準状態において占める体積（L）

(2) 標準状態において $5.6\,\mathrm{L}$ を占める水素（分子）の個数

(3) アンモニア 3.0×10^{23} 個の質量（g）

(4) 硫化水素 $3.4\,\mathrm{g}$ に含まれる H 原子の個数

(5) 二酸化炭素 $0.22\,\mathrm{g}$ に含まれる C 原子の物質量（mol）

19. 原子 A の 1 個あたりの質量は $4.5 \times 10^{-23}\,\mathrm{g}$ である．$^{12}\mathrm{C}$ の原子 1 個当たりの質量を $2.0 \times 10^{-23}\,\mathrm{g}$ とすると，A の原子量はいくらになるか．整数で答えよ．

20. 以下の化学反応式を書け．

(1) 窒素と水素の混合気体に触媒を加えて高温高圧にしたところ，アンモニアが生成した．

(2) 一酸化炭素を完全燃焼させたところ，二酸化炭素が生成した．

(3) エタノールを完全燃焼させたところ，二酸化炭素と水が生成した．

(4) エタンを完全燃焼させたところ，二酸化炭素と水が生成した．

(5) 亜鉛に希硫酸を加えたところ，水素が発生し，硫酸亜鉛（$\mathrm{ZnSO_4}$）が生成した．

21. 以下の値を求めよ．ただし，原子量は H $=$ 1.0，O $=$ 16，Na $=$ 23 とする．

(1) 食塩 7.0 g を水 93 g に溶解させた食塩水の質量パーセント濃度（%）

(2) 食塩 3.0 g を水 47 g に溶解させた食塩水の質量パーセント濃度（%）

(3) 食塩 8.0 g を水 192 g に溶解させた食塩水の質量パーセント濃度（%）

(4) 水酸化ナトリウム 8.0 g を水に溶かして 2.0 L とした水酸化ナトリウム水溶液のモル濃度（mol/L）

(5) 0.20 mol/L の水酸化ナトリウム水溶液 400 mL 中に含まれる水酸化ナトリウムの質量（g）

22. メタンを完全燃焼させる実験を行った．以下の (1)～(4) に答えよ．ただし，原子量は H $=$ 1.0，C $=$ 12，O $=$ 16，アボガドロ定数は 6.0×10^{23}/mol とする．

(1) メタンの完全燃焼の化学反応式を書け．

(2) メタン 1.5 mol を完全燃焼させると，何 mol の水が生成するか．

(3) メタン 4.8 g を完全燃焼させたとき，何 mol の酸素を消費するか．

(4) ある量のメタンを完全燃焼させたところ，二酸化炭素が標準状態において，5.6 L 発生した．燃焼したメタン分子の個数を求めよ．

補 充 問 題 の 解 答

1. (1) ③　　　(2) ②　　　(3) ③

2.

(1) He　ヘリウム　　　(2) C　炭素　　　(3) O　酸素

(4) Al　アルミニウム　　　(5) S　硫黄　　　(6) Ar　アルゴン

(7) Ca　カルシウム

3.

(1) K^2L^3　　　(2) K^2L^4　　　(3) $K^2L^8M^6$　　　(4) K^2L^5

(5) K^2　　　(6) K^2L^8　　　(7) $K^2L^8M^3$　　　(8) $K^2L^8M^8N^1$

4.

(1) 4　　　(2) 6　　　(3) 5　　　(4) 7　　　(5) 0　　　(6) 1

5.

(1) Li^+　　　(2) O^{2-}　　　(3) F^-　　　(4) Na^+　　　(5) Mg^{2+}

(6) Al^{3+}　　　(7) S^{2-}　　　(8) Cl^-　　　(9) H^+　　　(10) NH_4^+

(11) OH^-　　　(12) Ca^{2+}　　　(13) K^+　　　(14) SO_4^{2-}　　　(15) NO_3^-

(16) CO_3^{2-}

6. (1) ①　　　(2) ④　　　(3) ③　　　(4) ①

7. (1) ②　　　(2) ④

8. (1) ①　　　(2) ②

9.

	(1)	(2)	(3)	(4)	(5)	(6)	(7)	(8)
共有電子対	4	1	3	2	1	3	5	1
非共有電子対	4	6	2	4	3	1	2	6

10. (1) A (2) C (3) C (4) B

11. ① B ② C ③ D ④ A ⑤ A ⑥ D

⑦ C ⑧ B ⑨ C ⑩ A ⑪ D ⑫ B

12. (1) A (2) A (3) C (4) B (5) D

13. ① ウ ② イ ③ オ ④ コ

14. (1) $NaCl$ (2) Al_2O_3 (3) NaF (4) $MgCl_2$ (5) LiF

(6) CaO (7) CO_2 (8) SO_2 (9) CH_4 (10) C_2H_4

(11) NH_3 (12) O_2 (13) H_2O

(14) C_2H_6O, または C_2H_5OH（示性式）

(15) CH_4O, または CH_3OH（示性式） (16) C_2H_2

15.

(1) アンモニア NH_3 の分子量は 17 だから，$5.1\,g \div 17\,g/mol = 0.30\,mol$

0.30 mol

(2) 酸素 O_2 の分子量は 32 だから，$0.32\,g \div 32\,g/mol = 0.010\,mol = 1.0 \times 10^{-2}\,mol$

1.0×10^{-2} mol

(3) エチレン C_2H_4 の分子量は 28 だから，$28\,g/mol \times 1.5\,mol = 42\,g$ **42 g**

(4) 塩化カルシウム $CaCl_2$ の式量は 111 だから，$111\,g/mol \times 0.10\,mol = 11.1\,g$

11 g

16.

(1) $0.50\,mol \times 6.0 \times 10^{23}/mol = 3.0 \times 10^{23}$ **3.0×10^{23} 個**

(2) $0.25\,mol \times 6.0 \times 10^{23}/mol = 1.5 \times 10^{23}$ **1.5×10^{23} 個**

(3) $3.0 \times 10^{23} \div (6.0 \times 10^{23}/\text{mol}) = 0.50 \text{ mol}$ **0.50 mol**

(4) $6.0 \times 10^{20} \div (6.0 \times 10^{23}/\text{mol}) = 1.0 \times 10^{-3} \text{ mol}$ **1.0×10^{-3} mol**

17.

(1) $0.50 \text{ mol} \times 22.4 \text{ L/mol} = 11.2 \text{ L}$ **11 L**

(2) $0.25 \text{ mol} \times 22.4 \text{ L/mol} = 5.6 \text{ L}$ **5.6 L**

(3) $0.224 \text{ L} \div 22.4 \text{ L/mol} = 0.010 \text{ mol} = 1.0 \times 10^{-2} \text{ mol}$ **1.0×10^{-2} mol**

(4) $1.12 \text{ L} \div 22.4 \text{ L/mol} = 0.050 \text{ mol} = 5.0 \times 10^{-2} \text{ mol}$ **5.0×10^{-2} mol**

18.

(1) 酸素の分子量は 32 だから 3.2 g の酸素は $3.2 \text{ g} \div 32 \text{ g/mol} = 0.10 \text{ mol}$ となる. したがって，その体積は $0.10 \text{ mol} \times 22.4 \text{ L/mol} = 2.24 \text{ L}$ **2.2 L**

(2) 標準状態において 5.6 L は $5.6 \text{ L} \div 22.4 \text{ L/mol} = 0.25 \text{ mol}$ となる. したがって，個数は $0.25 \text{ mol} \times 6.0 \times 10^{23}/\text{mol} = 1.5 \times 10^{23}$ **1.5×10^{23} 個**

(3) 3.0×10^{23} 個は，$3.0 \times 10^{23} \div (6.0 \times 10^{23}/\text{mol}) = 0.50 \text{ mol}$ となる. アンモニアの分子量は 17 だから，$0.50 \text{ mol} \times 17 \text{ g/mol} = 8.5 \text{ g}$ **8.5 g**

(4) 硫化水素 H_2S の分子量は 34 だから，3.4 g は $3.4 \text{ g} \div 34 \text{ g/mol} = 0.10 \text{ mol}$ となる. 硫化水素 1 分子中に H 原子は 2 個含まれるから，$2 \times 0.10 \text{ mol} \times 6.0 \times 10^{23}/\text{mol} = 1.2 \times 10^{23}$ **1.2×10^{23} 個**

(5) 二酸化炭素 CO_2 の分子量は 44 だから，二酸化炭素 0.22 g は $0.22 \text{ g} \div 44 \text{ g/mol} = 0.0050 \text{ mol} = 5.0 \times 10^{-3} \text{ mol}$ となる. 次に CO_2 1 分子中に C 原子は 1 個含まれるから C 原子の物質量は CO_2 分子の物質量と等しくなる. ゆえに **5.0×10^{-3} mol**

19.

A の原子量を x とすると $4.5 \times 10^{-23} \text{ g} : 2.0 \times 10^{-23} \text{ g} = x : 12$

$x = 4.5 \times 10^{-23} \text{ g} \times 12 \div (2.0 \times 10^{-23} \text{ g}) = 27$ **27**

20.

(1) $N_2 + 3H_2 \longrightarrow 2NH_3$

(2) $2CO + O_2 \longrightarrow 2CO_2$

(3) $C_2H_5OH + 3O_2 \longrightarrow 2CO_2 + 3H_2O$

(4)　$2\,C_2H_6 + 7\,O_2 \longrightarrow 4\,CO_2 + 6\,H_2O$

(5)　$Zn + H_2SO_4 \longrightarrow H_2 + ZnSO_4$

21.

(1)　$7.0\,g \div (7.0\,g + 93\,g) \times 100 = 7.0\,\%$　　**7.0 %**

(2)　$3.0\,g \div (3.0\,g + 47\,g) \times 100 = 6.0\,\%$　　**6.0 %**

(3)　$8.0\,g \div (8.0\,g + 192\,g) \times 100 = 4.0\,\%$　　**4.0 %**

(4)　水酸化ナトリウム NaOH の式量は 40 だから，8.0 g は $8.0\,g \div 40\,g/mol = 0.20$ mol となる．したがって，$0.20\,mol \div 2.0\,L = 0.10\,mol/L$ となる．　　**0.10 mol/L**

(5)　0.20 mol/L の水酸化ナトリウム水溶液 400 mL に含まれる水酸化ナトリウムの物質量は，400 mL ＝ 0.40 L だから $0.20\,mol/L \times 0.40\,L = 0.080\,mol$ となる．したがって，質量は $0.080\,mol \times 40\,g/mol = 3.2\,g$　　**3.2 g**

22.

(1)　$CH_4 + 2\,O_2 \longrightarrow CO_2 + 2\,H_2O$

(2)　反応式より $1.5\,mol \times 2 = 3.0\,mol$　　**3.0 mol**

(3)　メタンの分子量は 16 だから，メタン 4.8 g は $4.8\,g \div 16\,g/mol = 0.30\,mol$ となる．反応式より $0.30\,mol \times 2 = 0.60\,mol$　　**0.60 mol**

(4)　5.6 L は $5.6\,L \div 22.4\,L/mol = 0.25\,mol$ となる．反応式より反応したメタンも 0.25 mol だから $0.25\,mol \times 6.0 \times 10^{23}/mol = 1.5 \times 10^{23}$　　**1.5×10^{23} 個**

付録 1 物質の分類・同素体

物質の分類

物質
- 純物質
  - 単体…1 種類の元素からなる純物質
    - 例　酸素，水素，ダイヤモンドなど
  - 化合物…2 種類以上の元素からなる純物質
    - 例　水，二酸化炭素，塩化ナトリウムなど
- 混合物…2 種類以上の純物質を含む混合物

　　　（蒸留，ろ過，抽出，再結晶などの操作で，純物質への分離が可能である．）

　　　　　　例　空気，海水，合金など

同素体

同素体…同じ元素からできている単体であるが，構造や性質が異なるものを同素体という．

同素体の例（1）　硫黄(斜方硫黄，単斜硫黄，ゴム状硫黄)

　　　　　　（2）　酸素（酸素，オゾン）

　　　　　　（3）　炭素（ダイヤモンド，黒鉛，フラーレン，カーボンナノチューブ）

　　　　　　（4）　リン（赤リン，黄リン）

付録2 比の計算について

比の計算は，物質量の計算など化学の分野の計算方法として広く利用ができる．

$$a : b = c : d \iff ad = bc$$

（外側の積 ＝ 内側の積）

〈考え方〉

$$a : b = c : d$$

比率が等しいので分数にしても等しい．

$$\frac{a}{b} = \frac{c}{d}$$

両辺に b と d を掛けて

$$ad = bc$$

例題1

　$3 : 2 = x : 40$ のとき，x を求めよ．

解説

　$2x = 3 \times 40$

　よって $x = 60$

例題2

　標準状態で酸素 22.4 L 中に含まれる酸素分子の数は 6.0×10^{23} 個である．標準状態で 5.6 L の酸素に含まれる酸素分子の数は何個か．

解説

　$22.4 : 6.0 \times 10^{23} = 5.6 : x$

　$22.4x = 6.0 \times 10^{23} \times 5.6$

$$x = 1.5 \times 10^{23} \text{ 個}$$

付録 3 有効数字と単位の計算について

有効数字について

　0.1 g の桁まで測定できる天秤で分銅の質量を量ったとき，10.2 g という値が出たとする．このとき，最後の桁の 2 という数値には，誤差が含まれている（10.2 ± 0.05 g）．この場合，測定値の「10.2 g」を，「10 g」とか「10.20 g」と書くと，測定精度の意味が異なってくる．大学の授業や実験で数値を取り扱うときは，常に有効数字を考えて計算しなければならない．

(1) 有効数字の桁数の読み方

　ゼロでない数字を一桁目として見て，桁数を読む．たとえば，前述の 10.2 g の分銅は，単位を変換すると，$10.2\,\text{g} = 0.0102\,\text{kg} = 1.02 \times 10^4\,\text{mg}$ とも書くことができる．しかし，どの場合も有効数字は 3 桁である．

　（有効数字 □ 桁と，小数点以下 □ 桁は異なるので，混同しないように注意すること．）

(2) 有効数字の表し方

　例えば，測定した物質の質量が 2400 g と書いた場合，有効数字がどこまでなのかわかりにくい．しかし，指数を用いて $2.4 \times 10^3\,\text{g}$ のように表すと，有効数字の桁数は 2 桁となり，$2.40 \times 10^3\,\text{g}$ と表せば，有効数字は 3 桁となる．

　このように，測定値は

　　$a \times 10^n$（a は 1 以上 10 未満の数，n は整数）

の形で表すと有効数字がはっきりする．a の数値が有効数字の桁数になる．

(3) 有効数字を考慮した計算方法

① 数値のまるめ方

　有効数字 $[n]$ 桁に丸める場合，有効数字 $[n+1]$ 桁目の数字を四捨五入する．

　例：(a) 4.163 　　(b) 4.167 　　(c) 4.1653

　　　を有効数字 3 桁に丸めると，

　　(a) 4.16 　　(b) 4.17 　　(c) 4.17

　　　となる．

　ただし，$[n+1]$ 桁目の数字が 5，または 50 で続く場合，$[n]$ 桁目の数字が奇数ならば切り上げ，偶数ならば切り下げる．

　　　　（d）　4.165　　　（e）　4.1750

　　　を有効数字3桁に丸めると，

　　　　（d）　4.16　　　（e）　4.18

　　　となる．

② 計算

　i) 加減法の計算では，計算後の数値の末位の位を，計算に用いた数値のなかで，末位の位が最も高いものに合わせる．

　　　例：　20.09 ＋ 4.1632 ＝ 24.2532 ≒ 24.25

　　　　　　小数点以下　　小数点以下　　　　　　小数点以下
　　　　　　　2桁　　　　　4桁　　　　　　　　　　2桁
　　　　　　小数第二位　小数第四位　　　　　　　小数第二位

　ii) 乗除法の計算では，計算後の有効数字の桁数を，計算に使われた数値のなかで，有効数字の桁数が最も低いものに合わせる．

　　　例：　20.1 × 4.163 ＝ 83.6763 ≒ 83.7

　　　　　有効数字　有効数字　　　　　　有効数字
　　　　　　3桁　　　4桁　　　　　　　　　3桁

③ 計算の途中で一度，答えを出すときは有効数字が1桁多い桁まで求めておいて，次の計算に用いる．

　　　例：質量50 g で半径2.5 cm の球がある．球の体積と密度を求めよ．

　　　球の体積：$\dfrac{4}{3}\pi r^3 = 4 \div 3 \times 3.14 \times (2.5)^3 = 65.4166 \risingdotseq 65\,\mathrm{cm}^3$

　　　密度：$50 \div 65.4 = 0.7645 \risingdotseq 0.76\,\mathrm{g\,cm}^{-3}$

注意：体積を求める際，$\left(\dfrac{4}{3}\right)\pi r^3$ の4と3は定義された値なので，無限大桁で考える．

　　　物理定数や，円周率などは，計算に用いる数値のなかで最小の有効数字を持つものより，1桁多くとって計算する．

単位の計算について

　　　測定値（物理量）は「数値×単位」の「×」を省略したものと考えられる．したがって，物理量の計算するときは，単位をつけて計算すると誤りが少ない．

　　　例）　水5.4 mol の質量はいくらか

　　　$5.4\,\mathrm{mol} \times 18\,\mathrm{g/mol} = 5.4\,\cancel{\mathrm{mol}} \times 18\,\dfrac{\mathrm{g}}{\cancel{\mathrm{mol}}} = 97.2\,\mathrm{g} \risingdotseq 97\,\mathrm{g}$

付録4 指　　数

指数

大きな数値や小さな数値は**指数**を用いて表すと書きやすい.

例1　$100000 = 10^5$（10 の 5 乗）

例2　$0.0001 = \dfrac{1}{10000} = 10^{-4}$（10 のマイナス 4 乗）

指数 n は，小数点を右へ動かした回数，あるいは左へ動かした回数と考えることができる.

例3　$7000 = 7 \times 1000 = 7 \times 10^3$

例4　$0.00008 = 8 \times 0.00001 = 8 \times 10^{-5}$

指数の計算

(1)　$10^a \times 10^b = 10^{a+b}$

例5　$10^3 \times 10^4 = 10^{3+4} = 10^7$

(2)　$10^a \div 10^b = 10^{a-b}$

例6　$10^3 \div 10^5 = 10^{3-5} = 10^{-2}$

(3)　$(10^a)^b = 10^{a \times b}$

例7　$(10^3)^2 = 10^{3 \times 2} = 10^6$

SI 接頭語

SI 単位系を用いるとき，SI 単位の 10^n を表す接頭語を SI 接頭語という．

倍数	接頭語	記号	倍数	接頭語	記号
10^1	デカ	da	10^{-1}	デシ	d
10^2	ヘクト	h	10^{-2}	センチ	c
10^3	キロ	k	10^{-3}	ミリ	m
10^6	メガ	M	10^{-6}	マイクロ	μ
10^9	ギガ	G	10^{-9}	ナノ	n
10^{12}	テラ	T	10^{-12}	ピコ	p

例）　$1\,\mathrm{km} = 10^3\,\mathrm{m}$，$1\,\mathrm{cm} = 10^{-2}\,\mathrm{m}$，$1\,\mathrm{mm} = 10^{-3}\,\mathrm{m}$，$1\,\mathrm{nm} = 10^{-9}\,\mathrm{m}$

索　引

化学基礎　第2版

2017 年 3 月 31 日　第 1 版　第 1 刷　発行
2021 年 2 月 28 日　第 1 版　第 3 刷　発行
2024 年 2 月 10 日　第 2 版　第 1 刷　印刷
2024 年 2 月 20 日　第 2 版　第 1 刷　発行

著　　　者　　杉浦雅美，田村嘉廣，池田茉莉，矢野慎也
発　行　者　　発　田　和　子
発　行　所　　株式会社 **学術図書出版社**
　　　　　　　〒113-0033　東京都文京区本郷 5 - 4 - 6
　　　　　　　TEL 03-3811-0889　　振替 00110-4-28454
　　　　　　　印刷　三美印刷（株）

定価は表紙に表示してあります.

本書の一部または全部を無断で複写（コピー）・複製・
転載することは，著作権法で認められた場合を除き，著
作者および出版社の権利の侵害となります．あらかじ
め，小社に許諾を求めてください.

© 2017, 2024　杉浦雅美，田村嘉廣，池田茉莉，矢野慎也 Printed in Japan
ISBN978-4-7806-1154-0　C3043

元素の周期表

族周期	1	2	3	4	5	6	7	8	9
1	₁H 水素 1.008								
2	₃Li リチウム 6.941	₄Be ベリリウム 9.012							
3	₁₁Na ナトリウム 22.99	₁₂Mg マグネシウム 24.31							
4	₁₉K カリウム 39.10	₂₀Ca カルシウム 40.08	₂₁Sc スカンジウム 44.96	₂₂Ti チタン 47.87	₂₃V バナジウム 50.94	₂₄Cr クロム 52.00	₂₅Mn マンガン 54.94	₂₆Fe 鉄 55.85	₂₇Co コバルト 58.93
5	₃₇Rb ルビジウム 85.47	₃₈Sr ストロンチウム 87.62	₃₉Y イットリウム 88.91	₄₀Zr ジルコニウム 91.22	₄₁Nb ニオブ 92.91	₄₂Mo モリブデン 95.95	₄₃Tc テクネチウム [99]	₄₄Ru ルテニウム 101.1	₄₅Rh ロジウム 102.9
6	₅₅Cs セシウム 132.9	₅₆Ba バリウム 137.3	57-71 ランタノイド ☢	₇₂Hf ハフニウム 178.5	₇₃Ta タンタル 180.9	₇₄W タングステン 183.8	₇₅Re レニウム 186.2	₇₆Os オスニウム 190.2	₇₇Ir イリジウム 192.2
7	₈₇Fr フランシウム [223]	₈₈Ra ラジウム [226]	89-103 アクチノイド ☢	₁₀₄Rf ラザホージウム [267]	₁₀₅Db ドブニウム [268]	₁₀₆Sg シーボーギウム [271]	₁₀₇Bh ボーリウム [272]	₁₀₈Hs ハッシウム [277]	₁₀₉Mt マイトネリウム [276]

元素記号 →

元素番号 → ₂He
ヘリウム
4.003 ← 元素名

原子量 →

（常温，1.01×10^5 Pa）

☐ 単体は気体

┄ 単体は液体

☐ 単体は固体

	₅₇La ランタン 138.9	₅₈Ce セリウム 140.1	₅₉Pr プラセオジム 140.9	₆₀Nd ネオジム 144.2	₆₁Pm プロメチウム [145]	₆₂Sm サマリウム 150.4
ランタノイド						
アクチノイド	₈₉Ac アクチニウム [227]	₉₀Th トリウム 232.0	₉₁Pa プロトアクチニウム 231.0	₉₂U ウラン 238.0	₉₃Np ネプツニウム [237]	₉₄Pu プルトニウム [239]

アルカリ金属：水素 H を除く 1 族の元素
アルカリ土類金属：2 族の元素